新コロナシリーズ ⑥⑩

ハイテクと仮想の世界を生きぬくために

齋藤　正男　著

コロナ社

はじめに

世の中はハイテクで目覚ましく変わっていく。半世紀ほど前，私はたまたま日本と米国で初期のコンピュータ技術の開発と応用に関わった。専門家達は希望に燃えて単純にばら色の夢を語っていたが，その中で「コンピュータは人々を一様化してはいけない。個性に沿って動作すべきだ」という主張があり，印象を受けた。しかしその後コンピュータとハイテクは人々に一様な知識とサービスを提供し，一様化の波は人々が気づかぬうちに生活に浸透して，思考を機械的，短絡的にした。

そもそも生物の進化において種や個体が選別されるには多様性が鍵であり，人間は遺伝子，経験，特に感情の多様性によって著しく進化したと考えられる。その意味で情動のメカニズムは貴重な仕組であり，我々は多様で微妙な感情を尊重し交流する社会を構築したい。

私はその後，工学部と医学部に務めたが，人々の考え方が変わっていくことを感じた。会議では「言わないことは知らなくて当然だ」と言われ，学生は先輩のレポートをコピーし，誤りを修正もせずに「同じ点数でよいです」と言う。病院は機械を点検しないで，動かないとメーカーが悪いと言う。

人間同士が顔を合わせると表情や音声などによって複雑微妙な感情が伝わるが，ネットワークを通すとキーボードやマウスは用件を伝えても細やかな感情を伝えない。気持を籠めて筆で書いた手紙は昔の事になった。しかし授業のときに「メールは気持が伝わらない」と言うと、「すべてを見せずに綺麗事だけで済むからよい」と学生から反論された。

端末に映る友人の像は、感情を持たない虚像であり人形と同じだ。それを意識しない人は生身の人間と人形の区別が曖昧になる。「だれでも殺せばよかった」と殺人事件が起きる。ネットワークは見かけ上は人々の交流範囲を拡げるが、実は気持の通じる範囲を狭くする。

人々がすべてを機械に任せようとするとき、その行先はあらゆる活動をロボットに任せるロボット社会である。それは遠い先だが、そのとき機械流に一様化した人間がどのような惨めな状態に陥るのかを予想しておく必要がある。機械を使うのは悪くないが、機械に頼りきるのが間違いだ。

いまの人口爆発、資源枯渇、温暖化など、人類に迫る数多くの危機は、際限なく膨張する欲望から機械への依存心を通して浮上する。それを防ぐのは人それぞれに自分で考える自律心であり、その元は多様性の中に生きる意識である。最近スマホやＳＮＳなど、個性を尊重し一様化に対抗する動きが見られるが、我々は半世紀前の先人の予想を思いだし、一様性と多様性、情動と論理の間に進む道を求めなければならない。ここではそのような立場から人間の機械の関係を振りかえり、将来を展望して大胆な予測を試みた。寛大に出版に同意をしていただいたコロナ社に謝意を表する。

二〇一五年一月

齋藤　正男

もくじ

1 生きるために

2 進化の立場から

6　一様化の波

7　個性化への動き

8　ロボット社会

14　技術力の総合へ

1 生きるために

人類が生きのびた

我々の地球が何十億年も前に形作られたときには生物の影も形もなかったが、やがて原始的な植物や動物が現れ、恐竜や猛獣に続いて数百万年前にようやく我々の御先祖、原始人類が現れた。地球の長い歴史から見れば、それはごく最近のことである。

原始人達は、腕力も走力も敏捷（びんしょう）さも他の動物達に劣っていた。まともに勝負はできない。昼間は岩蔭や木の上に隠れ、夜になって食べ物を探しに出かけた。弱い人達はその日その日を生きることに精一杯だった。猛獣の餌食になった人、厳しい気候に餓死した人も多かったことだろう。あちこちに弱い原始人類が現れ、生存競争に敗れて滅びた。その中で幸運にも生きのびた人達がいた。

彼等は脳が発達して道具や武器を工夫し，火を使い，二本足で立ちあがって賢い行動ができた。

そして人間は強くなり。それまで逃げていた猛獣を捕まえて食糧にした。

欲求から欲望に

最初，人々はただ「生きる」ために生きていたが，道具や火に助けられて生存競争に勝った。そうなると少しばかり余裕ができ，快適な暮し，美味な食事，踊り歌うなどの楽しみを知った。それらの楽しみは，もともと生きることのサブテーマだった。例えば食の楽しみは，栄養を摂り明日の生存競争に備えるためだと解釈される。いわば生きるという大目標の下に隠されていたさまざまな楽しみが，蓋が取れると見えてきたのだ。生きることにつながるこれらの楽しみを，「欲求」と呼ぶ。

生きるためだけなら欲求はほどほどでよかった。しかしやがて人々はそのことを忘れ，際限なく楽しさを追うようになる。いまレストランを訪れる人は，「美食は生きる努力のうちだ」と思わない。出世を望み金儲けを夢見るのも，もともとは生きる努力の一部だったかもしれないが，いま

逃げるのに懸命

貴重な食糧

人々は優雅な生活や富そのものを求める。生きることから離れた楽しみや望みを「欲望」と呼ぶ。欲望は際限なく膨張する。昔からの伝統を守る漁師は幼い魚を海に帰し、資源が絶えないように努力するが、そのような意識がない人達は金になるならと動植物を乱獲して絶滅の危機をもたらした。新幹線が走ったときには「そんなに急いでどこへ行く」と言われたが、いま人々はリニアカーが走るのを期待している。

欲望を勝手に拡大させるのは不心得者のように言われるが、膨張する欲望ももともとは生きる努力の一部であった。生きるためによりよい環境を求めていると、やがてよい環境を求めること自体が欲望としての立場を獲得し、理屈なしによい環境を求める習性が遺伝子に組みこまれると、限界なくよい環境を求める。つまり欲望が膨張を続けるのは、褒めたことではないが自然なことである。

欲求や欲望に関係が深いが、人間は行動をするときあるいは行動の場面を想像するとき、快さ、不快さを感じる。それを（プラスあるいはマイナスの）「快感」と言う。性や味など生ま

れつきの快感、麻薬や酒など経験によって病みつきになる快感、空を飛ぶ想像の快感などさまざまな場合がある。快感は人を行動に駆りたて、あるいは引きとめる。人間には、本能、欲求、欲望、快感などの仕組がいちおう備えられているが、完全な分業ではなく、厳密な区別はできない。

欲望のブレーキ

はじめ、人々はばらばらになって暮していたが、やがて仲間ができて力を合わせると、農耕でも狩猟でも能率があがり、敵の警戒も交代で務めると楽なことを知った。社会は大きくなり人々が気持を合わせ、力を合わせて行動するようになり、そのための道具も工夫された。

社会ができると、人々が欲望のままに行動したのでは衝突する。自分を犠牲にして子を守り、乏しい食糧を分けあうなど、他人を思う姿勢が育った。欲望に駆られるだけの行動は秩序を乱すと非難され、他人のため社会のための行動は「倫理的」だとして賞讃される。それらよって欲望はいくらか抑圧される。欲望を抑えた行動を「昇華した」と言う。しかし欲望はむやみに退けるべきものでもない。名誉や金銭を求める競争も人々を活気づけて社会の進歩を促すかもしれない。

道具が機械に

人間は道具と一体になって生きる努力をした。刀を振りまわすと強くなったと感じた。それが人間と道具の本来の姿である。しかしやがて人間は欲望に目覚め、道具に応援を求めた。道具を使えば労働が減り生活は楽しくなる。道具にとってみれば、生きるためでなく、欲望を支援せよというのだから話が違う。人間なら断られても仕方がないが、道具は苦情を言わずに助けてくれる。欲望を助ける道具は「便利だ」と言われ、便利さが道具の評価基準になった。しかしこれから論じるように、人間が道具に頼ることが誤りの始まりである。欲望は拡大し、支援する道具は複雑巧妙になって機械と呼ばれたが、道具と機械に本質的な違いはない。

機械は人間の要望に応じて発展した。遠くを見たいと思えば望遠鏡ができ、放射線を感じたければセンサが工夫されて、人間の物理的能力が拡大された。機械はまた人間の思考能力を強化した。いま、コンピュータは数の計算だけでなく、人間の判断や推論を助ける。経営会議では目的に沿う最適計画を

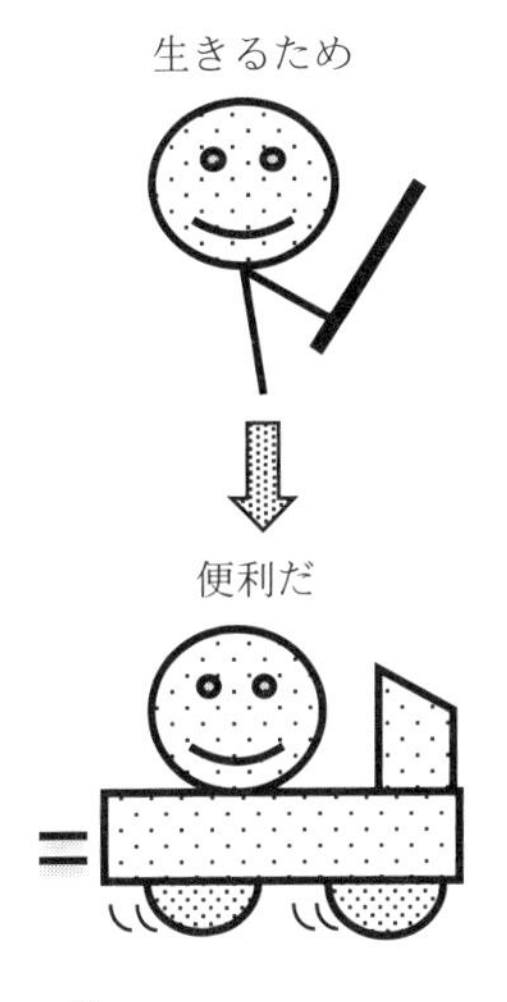

提案し、監視ゲートでは顔や声から個人を識別する。近い将来には、芸術や科学の領域にまで進出して研究し創造するだろう。それは素晴らしいが人間の立場はどうなるのか。

人間は自動車とハンドルやメータで情報や指令をやりとりして気楽に運転しているが、内部でどのように情報が運ばれ、どの部分が頑張っているのかなど細かなことを知らない。親は子供が大きくなると何を考えているのか理解できなくなるが、同じように機械は人間の理解の範囲からはみだしていく。しかし人間は気にせずに機械を使い、機械は不平を言わずに働く。安易な人間と冷静な機械という図式はこのまま続くのだろうか。

世界が拡がる

機械は人間の能力を超えていく。クレーンは重い荷物を吊りあげ、列車は速く走る。それは便利な機械だが、強力な機械が思う通りに動かず反乱を起こしたことを想像すると恐ろしい。多くの人々が、「強すぎる機械は危険だ」と感じ、映画「モダンタイムス」をはじめ多くの文芸作品が機械の狂気に翻弄される人々を描いている。しかし物理的能力だけを見て「機械は強力だから危険だ」とするのは、やや単純に過ぎる。

身の周りの現象は自然界の法則に従う。人間も動物もそれに従って生きてきた。ある種の鳥は重力の存在を知っていて，高所から貝を落とし砕いて食べる。弓矢を発明した原始人は，「飛ぶ物体は弧を描いて落ち，鋭い矢は獲物に突き刺さる」自然界の法則を知っていたはずだ。機械も自然法則に従って動作してきた。

しかし高度化した機械はさまざまな仮想世界を提供する。テレビ電話は遠くの友を目の前に呼びよせ，ディジタルカメラの記録から亡き父親が蘇（よみが）える。遊園地のマシンでは人が空を飛び天井を逆さに歩く。仮想世界と承知している間は問題ないが，あまり仮想世界への出入りが増えると現実と仮想の区別が曖昧になる。それは世界が拡大したことでもあり，非論理的思想にまで拡大することを意味する。

矢は放物線を描く

技術の光と影

人間が生きるためでなく欲望を充足するために新しい機械を開発すれば，当然のことながら生きるという本来の目的以外の作用（副作用）が生じる。原子力を利用すれば原子爆弾ができ，新薬を開発すれば薬害が生じる。機械の本質を知らずに支援を頼むと副作用が生じ，人々は後追いで対策を講じるが、機械の予想外の行動に振りまわされると主体性を失っていく。

どのような技術にも必ずプラス面（光）とマイナス面（影）がある。自動車は便利だが、足腰が弱くなるし排気ガスや交通事故も心配だ。小さなことなら気にしなくてもよいが、すべてを無視して進むのは危険である。技術の光と影に対処するテクノロジー・アセスメントという学問があり、「新技術の光と影を充分に検討し、影に対策を講じてから普及を図るべきだ」と主張する。しかし多くの場合、メーカーは新製品の便利さを宣伝し、人々は素晴らしい技術に魅了されて影を忘れ、テクノロジー・アセスメントは空まわりに終わる。ここで冷静になる必要がある。

この本では人間対機械という広い範囲の問題についてテクノロジー・アセスメントを考える。大事なことは「これができる」ではなく、「人間にどのような影響があるか」である。そこでは人間が機械に頼りきり、思考や行動が機械流になることが最も深刻な副作用である。

機械流になる

人は鍬を手にし、畑を耕して生きてきた。ほどほどの労働は楽しい。機械に助けてもらえば体は楽だが、労働や収穫の歓びが消える。いま都会の人は郊外に小さな土地を借りて休日に農耕を楽しむが、その間に地主のおじさんが草抜きや水やりをしてくれる。見かけだけの労働は真の楽しさになるのか。おじさんには料金を払うが、機械は働いても無報酬だ。いまはそれでよくても、将来人間そっくりのロボットが働いても無報酬なのか。

いろいろ疑問が出るが、便利な機械はありがたい。職場でも家庭でも人は機械に応援を頼む。何でもするという万能機械より、決まった仕事をする単能機械のほうが安くて良いものができるから、多数の単能機械が作られ、人間はそれに囲まれて生活する。

機械に囲まれて生活すると心も体も変わる。そう言うと「そんなはずはない。私は機械の影響など受けていない」と反論する人がいる。しかし少し以前の自分と比べてほしい。いまの進歩した機械は操作が簡単で、洗濯機や炊飯器はスイッチをオンにするだけで動作する。また人も機械と同じ

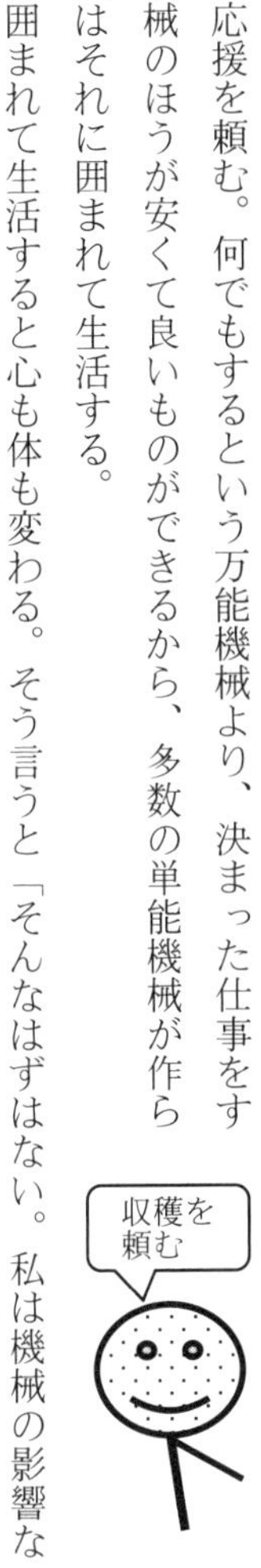

ように単純になった。意見を求められると「それはこうだ」と一言で答え、他人にものを頼むときはメールで済ませ、説得されると簡単に同意する。昔はもっとあれこれと考えたものだ。

便利というだけで機械に頼むと、中味はわからないが頼んだ仕事をしてくれるから、人間は「こうすればこうなる」という短絡的思考になり、思想や行動が短絡的になる。このまま漫然と進んだのでは、スイッチをオンにすれば動く機械と同じになる。機械流になってよい場合、よくない場合を切りわけて（自律心を持って）生きなければならない。

ハイテクの影響には多数の要因が絡みあって複雑である。しかし「複雑だ」と言うだけでは議論が進まないから、個々の要因を割りきって考察する。多少は誇張になるがそのほうが真実に近い。

頭と体の怠け癖

炊飯器は、スイッチをオンにするだけで飯を炊く「自動機械」である。「やれ」の一言で仕事をする人間の部下と同じだ。人間は使うのが難しいし時には間違いもあるが、機械は故障しなければ正確に働くから、仕事はなるべく機械に頼みたい。

いまの洗濯機は放り込まれた洗濯物の状況に応じて、洗剤の量を相談し、水の量や動作時間を調節する。本当はもっと細かなことにも注意する必要があるのだろう。細かな条件を考慮して適切に働く機械は、「知能機械」と呼ばれる。「あれを頼む」と曖昧な指示をすればそつがなく仕事をする有能な秘書と同じだ。

自動的は一定の作業、知能的は状況に適応する作業を意味する。しかしそれらは概念的な説明で、厳密に区別する必要はない。機械が何でもしてくれると、人間には頭も体も使わずに機械に頼る心が定着する。自動機械、知能機械は、人間から自分で判断し行動する姿勢（自律心）を奪う。それを頭と体の「怠け癖」と言う。

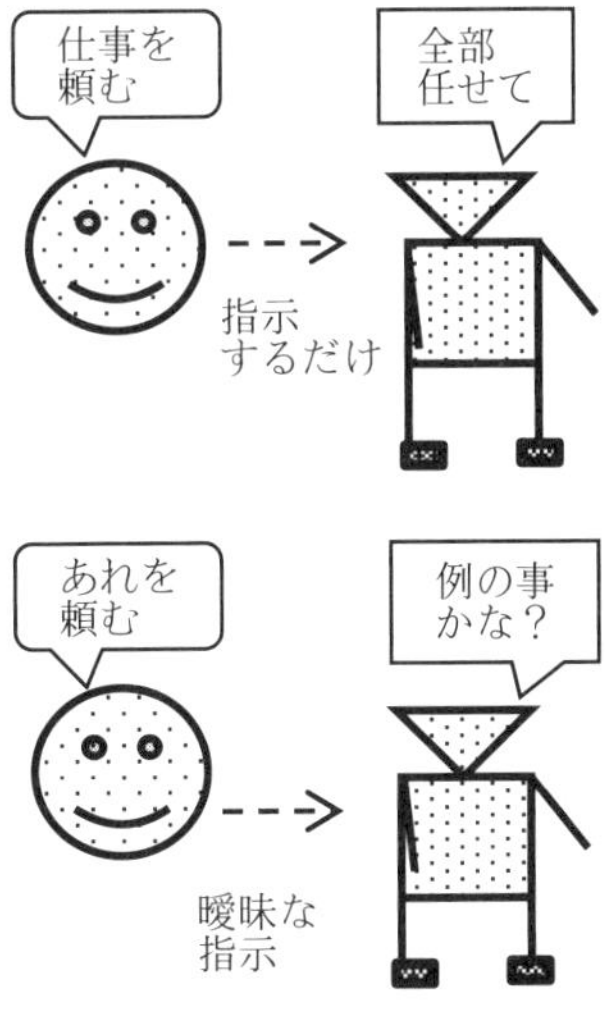

一般論だが、食糧が豊かな南国では、人々は働かなくてよいから怠け者になり、厳しい環境の北国では働き者になるという。人々が生きる姿勢は環境に大きく影響される。しかし労力を減らそうという欲望の下では、自動機械や知能機械に頼むとだれでもどこにいても怠け癖が定着する。

怠け癖は仕事に留まらない。昔は竈（かまど）で飯を炊き握り飯を作ったが、いまの人は炊飯器と握り飯器がないと作れない。握り飯を作る知識は消えてしまった。握り飯くらいならかまわないが、機械に助けてもらう度に脳からは知識が消えてしまい、マニュアルを見ないと仕事ができなくなる。さ

自動機械から知能機械へ

らにマニュアル通りに仕事をしなければいけないという機械的で頑固な生き方もできてくる。ある時、官庁関係の二時間刻みで借りる会議室を、四時間通して借りていた。ところが二時間経つと突然守衛が現れて「規則ですから一度外へ出てください」と言う。通しで借りているといっても納得しないので、何か手違いがあったかと一同廊下に出ると、守衛はドアに鍵を掛け、次に鍵を回してドアを開けて「どうぞお入りください」と言う。まさにマニュアル人間の行く末を見る思いであった。

昔から機械の影響で生活が変化し、知識は増えあるいは消えた。時代の流れであるからどうこう言うべきものでもないが、本来の前向きに生きる姿勢が消えては人間失格である。人間は自分がどう変化していくのかを理解し、納得しながら進まなければならない。

2　進化の立場から

人間と進化

人類は生物界の頂点に立ったが，生物の自然な流れの中でこれからも進化していくべきである。

進化の基本原理を一言で言えば，生物の種や個体が生存を競い，生きる力（生命力）の強い者が勝って生きのこり，子孫に強い生命力を伝える。子孫は強い生命力を持って次の競争に参加して，高い確率で競争に勝つことができる。生命力を競って強い者を選び，子に強い生命力を

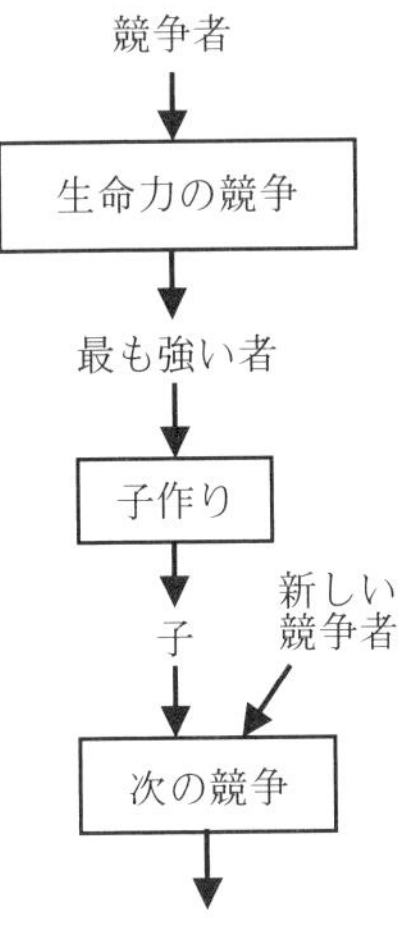

進化の基本原理

伝えるという二つのプロセスを組み合わせ繰返すことによって、生命力の優れた種が作りだされる。それが古典的進化論の基本原理である。この図式にはさまざまな疑問や異論が提出されている。確かに生物達は基本原理の通りに栄え、滅びたとはかぎらない。しかしここでは人間と機械の相互作用という新しい問題を考察するために、まず基本原理から出発する。

道具と機械は人間の進化を変えてしまった。いま人類は猛獣と闘うことも気候変動に怯えることもなく、いちおうは平和な社会の中で暮している。命をかけて子作りを争い、生命力の強い者が選ばれて子孫を伝える仕組はない。また人々は、事故に会えば、病気になれば、あるいは勉強をしたければ、すべてを国と社会が面倒を見るべきだと考えている。生きるという大きな目的が本能として備えられているのだが、それさえ忘れてもよいと思っている人が多い。生きる意識を離れても生きられる世の中では進化の基本原理が成立せず、人間はもはや進化しないように思われる。ここで進化の基本に戻って、考えなおす必要がある。

生きる本能

生存競争において生物は自分あるいは種の生存を第一目標とする。人間もいよいよ危険になれば、自分あるいは家族や仲間が生きのこることを最優先にする。地球上には一見生きることと関係のない外見や遊戯によって伴侶を求める生物、美食や快楽をひたすら求める生物も存在する。しかしそれらの欲望的行動も、もともとは生命力の強さを比較する行動から生じたものだと解釈される。またさまざまな生物達が子作りを競う場面を観察すると、必ずしも生死をかけて争うわけではない。普通は然るべき力較べをして生命力の優劣が判断されれば、敗者は潔く身を引く。

何らかの方法で生命力の強い者をできるだけ平和に選び、子孫を残すプロセスを実行すれば、強い生命力が子孫に伝承され、やがて生きる意識が本能として固定される。つまり生きることを最重要目標とする生物がいま生きのこっているのは、当然のことのように思われる。

しかしそれは自明のことだろうか。仮に「生きる」ことでなく、「繁殖の相手以外には、出会った者を殺す」ことを最重要目標とする生物がいたとしよう。すべての競争者は他者を殺すことに専念し、殺戮（さつりく）能力に優れた者がその能力を子孫に伝え、やがて殺戮意欲が遺伝子に組みこまれて殺しあうだけの世の中になる。この生物は簡単には滅亡しないが、仲間を作ることができないだろう。それぞれの縄張りを持ってばらばらに暮し、社会も文化も育たない。

それでは「平和を求める」姿勢を優先し、その意味で優れた個体を選んで子孫を作らせる生物がいたとしよう。平和を願う人々の社会ができあがる。それは理想的なことかもしれないが、闘うことを知らない社会は、敵の攻撃や内部の不心得者があれば滅びてしまう。実際、争うという概念のない平和な国があったが、隣国から攻撃されてたちまち滅びたという物語がある。また、例えば

「詩的才能を最優先とする」という選択をしても同じことになるだろう。

つまり地球上の生物達が、生きることを最重要目標として暮すようになったのは、最初の生物達の幸運な選択であり、その遺伝子を伝承することによって現在のような互いに餌となり、助けあって繁栄する安定な生物社会が築かれたと言える。人間はそのような生物達の仲間として生まれたことに感謝し、精一杯に生きる努力をすべきである。

生きる歓びと努力を

能力の発掘と伝承

子供達を産むと体力のあるものだけに餌を与える生物、危険な場所を群れで通過して生き残りを選ぶ生物、無限と言えるほど多数の子を産み、選別を偶然に任せる生物など、単純な方法で生命力を競う生物達がいる。しかし親から優れた遺伝子を貰っても、生まれてすぐに発現するとはかぎらないし、地域の気候や餌など遺伝子に含まれない知識も生命力の一部である。単純な競争でなく、個体に潜むすべての生命力に基づいた選択をしたい。

生まれてから子作りまでには少し期間がある。はじめは駄目な子供に見えても、鍛えれば強くなるかもしれない。多くの動物の子供は、子作りの歳になるまでの限られた期間にさまざまな出来事に出会い、経験に学んで生命力を向上させる。また猛獣の親は子供を連れて行動し、餌を追い危険を避けることを教え、あるいは弱った餌動物を子供の目の前において狩りの練習をさせる。これらの自ら経験に学び、親から教えられるプロセスを（広義の）教育と呼ぶ。教育を通して有用な能力を獲得するのも本来の能力のうちだと言える。親から受けついだ遺伝子に獲得した能力を加えて競争に参加すれば、個体の能力がよりよく評価される。またこのようにして獲得した生きるための智恵を教育によって子孫に伝えれば、新しい能力として定着し、いずれ遺伝子にも組みこまれるかもしれない。生物は遺伝と教育によって生命力を発展させ伝承する。

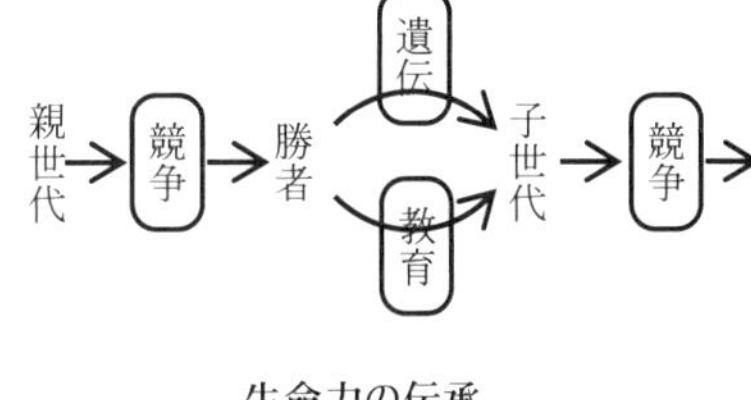

生命力の伝承

人間の子供は、高度文明の社会に生きるために学ぶべきことが多い。「生きているかぎり勉強だ」と言うのももっともだが、この若い時期の教育は特に重要であり、個体にも貪欲に知識を吸収する体勢が用意されている。学校での教育が非常に重要であり、それがすべてであるかのように考える人が多いが、自然な進化の過程としては親から受けついだ遺伝子、つまり生まれつきの個性、適性が同様に重要であり、学校教育も個性と

学校教育だけではない

補いあう形を心がけるべきである。また日常生活の中の経験に学ぶことも重要である。これらの要素を見逃してはならない。

競争と多様性

競争では、複数の競争者が共通の目標、「生きる」こと、あるいは「子作りの権利を得る」ことを競う。競争では競争者を要領よく適切に仕分けなければならない。もしすべての競争者が同じ能力を持つと、だれが勝者になっても同じことだから競争する意味がない。つまり競争者はできるだけ多様であってほしい。

また、何回かのテストによって優勝者を決める仕組の場合、各回に競争者が細かく仕分けられるほど結果が速く決まる。つまり多様性に富む種ほど速く進化し、高度の能力を獲得すると考えられる。多様性は進化において極めて重要である。若者達は多様な遺伝子を持って生まれ、偶然に満ちた世の中で経験に学び、能力はさらに多様になる。遺伝子の多様性と経験に学ぶ積極性が競争の効率を高める。

しかし競争をして優れた遺伝子を選んでも、勝者が同じような遺伝

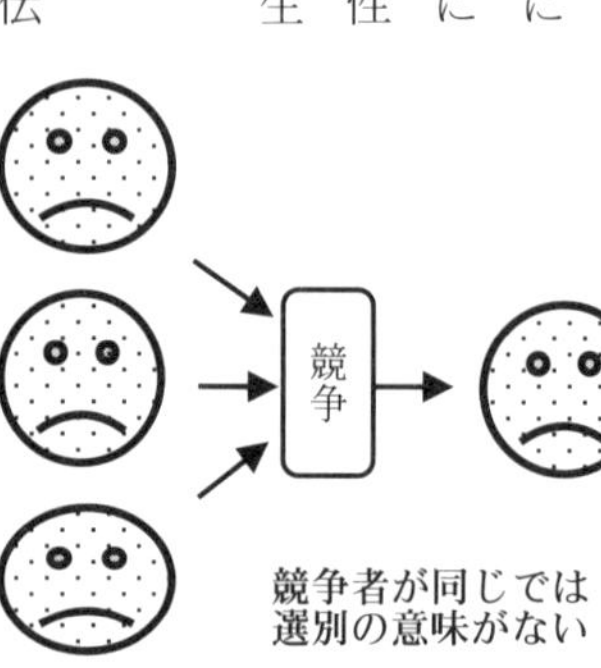

子をバケツリレーのように伝え続けるのでは、同じ遺伝子か受けつがれていくだけになる。もし子孫への遺伝子転写の誤りがあればバケツの水漏れのように能力が減る。つまり進歩のためには、ただ遺伝子をリレーするのではなく新しい水、多様性を補給したい。生物は雌雄交配と突然変異によって新しい水を補給する。雌雄交配では価値観に従って伴侶を選択し、一定の規則に従って遺伝子を変更する。突然変異では宇宙線などの外乱がランダムに遺伝子を変える。これらの作用によって遺伝子が多様化し進化を助ける。

多くの微生物は、バケツリレーを主体にし、突然変異による新しい遺伝子出現を期待するが、高等生物は雌雄交配を主体にし、突然変異を添え物とする。種はそれぞれ二種類の遺伝子補充によって進化力を高める。さらに将来は自然界の流れに頼らず遺伝子を人為的に改造して、多様性を補充する技術が普及するだろう。

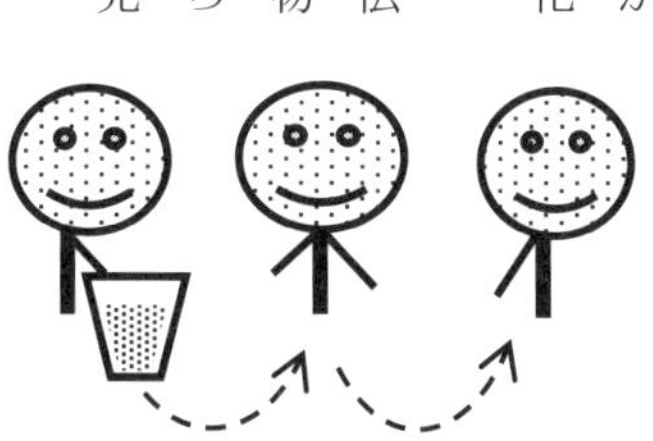

バケツリレー
で水は増えない

人間はどうか

いまでも多くの生物達は、ほぼ進化の基本原理に沿って行動し進化していくようである。しかし人間の場合はどうか。若者が遺伝子によって選別されることはないし、生死を賭けて子作りの権利を争うこともない。しかし欲望のお蔭で商売や学問などあらゆる分野で競争が起きる。競争の敗者は少し惨めだが、勝者は尊敬されて優雅に暮し、よい伴侶を得て優れた力を持つ子を育て、社会で広範囲の活動をして大勢の人々に影響を与えることができる。社会に影響を残すことが子孫を残すことに相当すると考えれば、いちおう進化の基本原理が成立するとしてもよさそうだ。

しかし、いまでは本来の生命力に基づく進化とは異なる様相が多い。高性能兵器のお蔭で戦争に勝っても個人の闘争力には関係がないし、巨大な資本力で市場を征服しても個人の商才には関係がない。混乱も起きる。消極的で受け身な人々の中に、積極的な金の亡者が一人現れたらどうなるか。意味がない競争でも、副産物として生きる智恵が育つかもしれない。また、機械の影響に染まった人々が見かけ上の競争によって内容的に進化していくのかどうかは疑問である。実際、多くの評論家が、「機械文明の進歩が速いのに比して人間的な進歩が遅い」ことを指摘している。

人間には学ぶことが多いから学校教育が重視されるが、生きる姿勢を身につけるためには、訓話だけでなく実際の経験に学ぶことが必要である。しかし日常生活で出会う経験は環境に大きく支配される。途上国の子供は厳しい環境の下で家族とともに食物を探し水を運んで、生活の中で自然に生きる努力を知る。それが人間本来の姿だ。

他方、我が国の子供達は親、社会や機械に守られ、危険を感じることなく気ままに行動する。伸び伸びと成長するように見えるが、「生きる」意識は欠けたままだ。学校に進むと暗記主体の受け身の勉強が始まり、積極性も消える。消極性は卒業まで終わらず受け身の社会人になり、社会を変革する気などない。さらに平等を基本とする社会の仕組の下では、若者達は競争と選別のプロセスを避けて育ち、競争をしても生きる意識は育たない。漫然と人生を送る若者達には、教訓を含む経験をなんらかの方法で補わなければ、筋の通った社会を構築することができない。この現実に対して、ハイテクは現実と異なる世界を提供して、若者達に生物本来の進化の道を思いださせることができないだろうか。

水を汲み生きる
ことを知る

伸び伸びと
遊び呆ける

山登りの譬え（たとえ）

生存競争のたびに生命力の強い個体がいくつか選ばれ子孫を残すと、種としての生命力がいくらか高くなる。生命力の強い集団に向かって進む姿は、足元を見つつ一歩ずつ登る登山者（あるいは登山隊）に譬えられる。地形が単純なら、どの道を進んでもいずれ頂上に到達する。

この譬えは細かな点で実際と食いちがう。足元には細かな凹凸があり、道は分岐して隣の山に通じるかもしれない。それらに捉われては正しく進むことができない。また競争で削除して減った隊員をどう補充するのか。いろいろ問題はあるが、大まかに考えれば、登山の譬えはわかりやすい。

誤りなく目的の山に登るためには、近くの凹凸あるいは遠くの地形を見渡して正しい方向に進まないと誤った道に入りこむ恐れがある。同様に進化においては、ただ競争に勝てばよいのではなく、肝心の「生きる」方向を意識して競い進むことが必要である。人間にはある程度の予測能力があるが、他の動物達は追っている獲物の逃げかたや樹上の果物の熟れ具合程度の幼稚な能力しかないようだ。罠にかかり、天候の急変から逃げられないことも予測能力が足りないためなのだろう。人間が他の動物よりも高い予測能力を持ち、道具や機械にも助けられて進む方向を大きく間違わないことも、高度の進化を実現できた要因の一つである。

ただ山を登るのは人間である。遠くを見通す望遠鏡があってもよいし、鎖など登山を助ける補助器具があってもよいが、機械は人間を運んではくれない。人間が登る意思を持ち、主体性を持って進むことが必要である。

進化は山登り

最適化モデル

最適システムの設計に進化のメカニズムが応用される。最適とは与えられた目標に最も近いことであり、それは与えられた環境下で最も強く生きる生物を選ぶことと同じである。つまり進化の基本原理を模倣すれば最適システムが設計できるはずである。

システムの設計では、費用最小、利益最大などの目標が数理的に表現され（目的関数）、その最大あるいは最小を求める。生物の目標「生きる」ことの内容は複雑である。しかし数理モデルでは、いくら複雑でも目的関数が数学的に表現できるとして議論を始める。コンピュータ（ソフトウェア）上に多数の記号列（遺伝子配列）を用意し、それぞれを競争者とする。世代交替を想定して、遺伝子配列を雌雄交差（規則的な配列交換）と突然変異（ランダムな変化）によって変更する。それぞれの記号列に対して目的関数を計算し、よい結果を与えるいくつかの競争者を残し、適当に新しい競争者を補う。普通は計算で一気に最適解を得ることができないが、少しずつ変更を繰返して最適解に近づく。

この方法は遺伝的アルゴリズムと呼ばれ、生物の進化を明快に表現するモデルだと考えられている。しかし多少違う点もある。例えば数理モデルでは遺伝子をランダムに変化させるが、生物の場合には遺伝子の少しの変化によって簡単に変種が生じ、競争の状況が大きく変わるかもしれない。山登りでも考えていた方向の近くに意外な近道が存在するかもしれない。生物は長い歴史を通して無駄をできるだけ避ける仕組に到達したようだ。生物の進化は複雑な内容を持つ。遺伝的アルゴリズムは単純明快な数理モデルであるが、生物の進化とまったく同じものではなく、霧の中の景観のようにだいたいの構図を示してくれる。

3　人間は機械と違う

論理と情動

自動人形でもバイクのエンジンでも蓋を開けて中を見ると、歯車、ベルト、電子回路など多数の部品が連携して動いている。スイッチをオンにするとモータや歯車が理屈通り（論理的）に廻り、機械が動作する。機械は「論理駆動マシン」だと言える。

人間も赤信号を見て立ちどまるような簡単なことなら、論理的に動くように見える。しかし人間は理屈で直接に動くことはない。人間の感覚器が外部から刺激（入力、信号、情報などとも言う）を受けとると、その信号は脳の

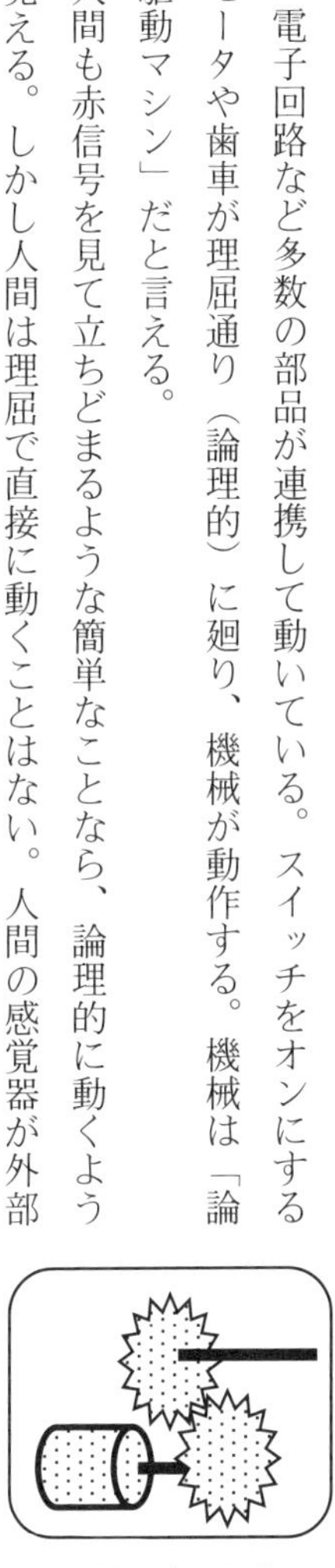

機械は論理駆動

表層部分に送られ、それが「赤信号」であることを知る（認知、認識）。受けとったままの信号と認識の結果が脳のやや深部の神経細胞群に送られ、そこで二つの経路からの信号によって「危ない」感情が生じ、「止まろう」の動機を呼びだして、「止まる」行動の指令を身体各部に送る。人間はこの回りくどい感情と動機（まとめて「情動」と呼ぶ）の仕組を通して行動する「情動駆動マシン」である。

人間と機械は論理と情動というまったく異なるメカニズムによって動作しているのだから、機械が少しずつ人間にわかりにくくなるのは当然のことである。それを承知した上で、協力して進まなければならない。

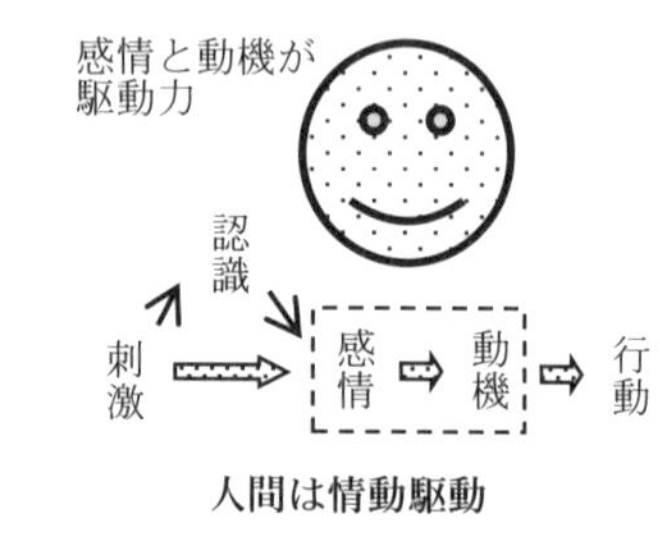

人間は情動駆動

感情のメカニズム

脳のやや深部にいくつかの神経細胞の塊があり、それぞれが記憶や学習などの心的活動を担当している。神経生理学は、電子装置と同じようにこれらの塊が配線を通して信号を伝え、情報を処理すると教える。それは正しいが、実際には他にも多数の不規則な配線があり、信号を複雑にやりとりする。この規則的、不規則的な信号処理構造を「神経回路網」と呼ぶ。

人間は常に膨大な量の刺激（信号）を体の内外から受けとり、直接の信号と認識結果が神経回路網に送られる。神経回路網では信号を受けた神経細胞が興奮し、次に接続する神経細胞に信号を送って興奮させる。

普通の電子回路では一度信号が通過すると処理が終わるが、神経回路網では縦横に複雑な接続があるために波動はすぐには終らず、信号の伝搬と神経細胞の興奮が繰返され、特徴ある形（動的なパターン）の興奮の波が神経細胞の塊に信号を伝えつつ、散乱し反射してしばらく持続する。

この波が広い意味での感情に相当する。記憶内容を想起し、思考し、動機を呼びだすときにも、同様な波動が生じる。それらをすべて（感情の）「波動」と呼ぶことにする。波動は譬えれば池に石を投げいれたときの波、また地震によるビルの揺れと同じようなものである。刺激を受けるとすぐに波動が立ちあがり、刺激の大きさに応じてしばらく続く。神経回路網には司令部があり、個々の神経細胞の動作には干渉しないが、全体の活動レベルを監視して、印象が深いときには波動を長く持続させる。

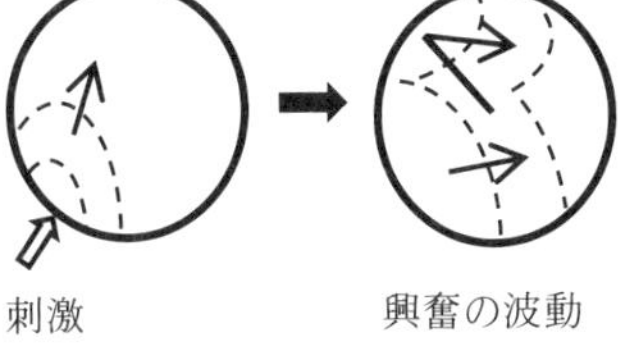

刺激　興奮の波動

波動のイメージ図

感情から動機、さらに行動に移るときにも波動が関係する。熱いものに触れて瞬間的に手を引くときのように必要な行動があきらかであれば、感情をほとんど経由せずに行動するが、普通は刺激を受けとるとそれを認知して感情の波動を生じ、波動が動機を呼びだして行動を起こす。

それぞれの動機について特徴ある静的パターンが、先天的あるいは後天的に神経回路網に埋めこまれている。ある食物を見て「旨そうだ」の感情が生じ、波動が神経回路網を伝搬するとき、あらかじめ埋めこまれている「食べよう」の動機パターンに近い形をとれば、その動機が誘いだされて「食べる」行動につながり、全身に動作の指令が送られる。以下の例に示すように、人間は、この仕組によって複雑な入力情報を要領よく処理している。

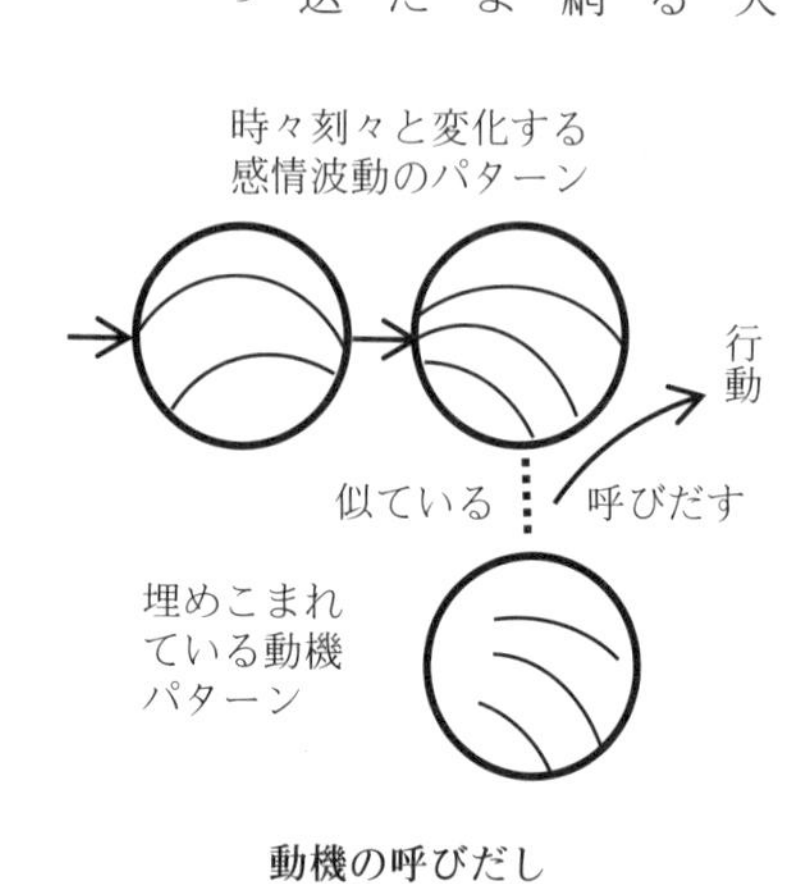

動機の呼びだし

複雑な入力の処理

目の前の料理を食べるかどうか決めたいときには、腹具合、料理の出来具合、他人の目などとさまざまな条件がある。機械ならばそれらの条件の成立・不成立を一つずつ調べて多数決などで結論を出すだろう。しかし人間の場合には、「条件Aが確かなようなら条件Bより条件Cを重視する」などと、条件が複雑に絡みあう。もちろん機械の流儀ですべてを論理的に処理することもできるが、そのような論理計算で人間の微妙な気持を表現できるのかどうかは疑わしい。

人間に多数の外部刺激や想起事項が神経回路網に到来すると、印象の強さに応じた個々の波動が生じて重ねあわされ、その結果として生じた波動に近い動機が呼びだされて行動につながる。譬えれば、料理で個々の調味料を指定するのではなく、それらを適当に混ぜながら総合した味を見るようなものだ。これは漠然とした情報処理だが、どのような刺激でも広く受けとって判断する巧みな仕組である。

また、普通の電子素子は、信号を処理して結果を送りだすと、処理の経過を消去して次の信号に備える。神経細胞も処理を終わると何をどのように処理したかを忘れて、次の信号を待つ。（処理の詳細をいつもすべて記録することは可能だが、神経回路網の中に大規模な構造を用意することが必要になるし、非常に重要な場合を除けば、日常行動のすべての処理を記録するのは適当な仕組とは言えない。）例えば何かを食べ、旨かったので次の機会にもまた食べようと思う。しかし「旨い」と思ったときには「このような食べ物」の情報は処理済みで既に消去されている。

食べてみよう

旨い、でもさっき何を食べたのか

時間差がある

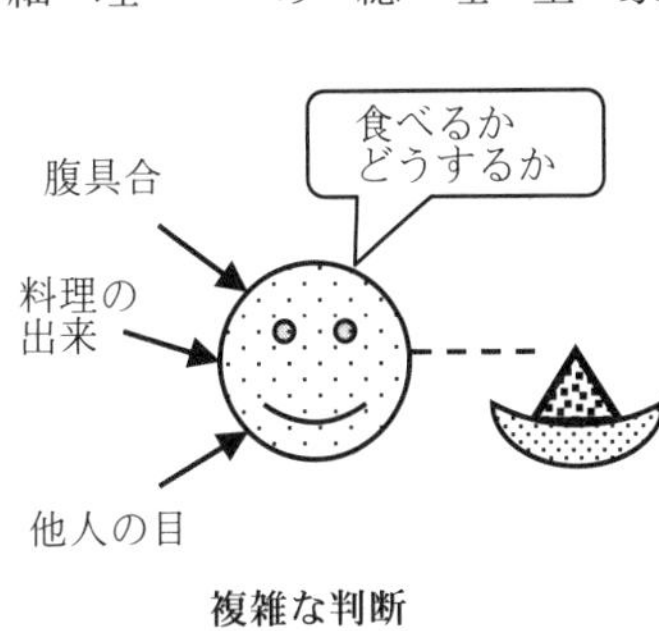

複雑な判断

ここで波動が短期的な記憶の役をする。食べ物についての入力や認識の過程が波動として残っている間に「旨い」の波動が重なれば、二つの概念が時間差を超えて連結される。これも曖昧だが巧妙な仕組である。

別の仕組として、人は行動の場面を想像するときに快感を生じる。「音楽を聴くか、ドライブするか」と訊かれると、違う種類の行動だから比較するのは簡単でないはずなのに迷わずどちらかを選ぶ。それは二つの行動の内容や効用を詳しく検討した結果ではなく、二つの行動を想像したときの波動から生じる快感のどちらが大きいかを比較した結果である。快感は行動の場面を想像した波動に伴う一次元の尺度で、刺激から行動への経路に直接には介入しないが、行動の選択に影響する。

学習と可塑性

人間を含む広い範囲の動物は生まれてからさまざまな経験に学び、世の中を賢く行動するための知識と智恵を獲得する。これは教育の一部だが特に学習と呼ばれ、環境に適応して生きるためには重要な能力である。学習の基本となる神経細胞は遠くを見聞きする能力を持たず、自分のことがわかるだけで他の神経細胞で何が起きて

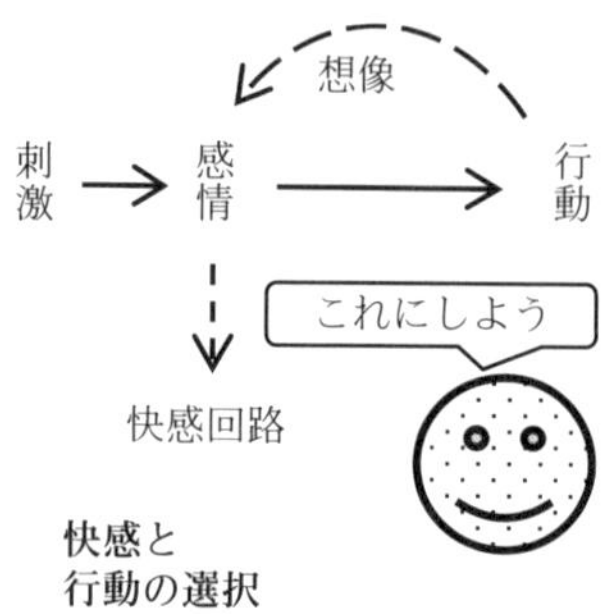

快感と行動の選択

いるのかを知らない。自分の信号処理の経過に従って他との結合の強さを変え、入力、出力の影響力を調整して動作様式を変え、それによって接続している神経細胞の動作を変える。神経細胞が動作様式を変える性質を「可塑性」と言う。

神経細胞は信号を伝達するとき、それを促進あるいは抑制する物質を放出する。学習の第一段階では、その放出量や受理能力を変更して他との信号伝達を調整する。しかしそれは一時的な変化であり、その後同じ信号が入らなければ変化はゆっくり消える。誤った変更を防ぐために、神経細胞の動作様式は一度に僅かずつしか変化しないが、同じような入力処理が繰返されると、やがて放出量の変化が固定され、あるいは神経細胞の構造が変化して、動作様式の変化が固定される。いわば構造的な変化である。勉強したことはすぐ忘れるが、繰返すと固定される。

動機の静的パターンも、神経細胞の結合パターンと同じように神経回路網に埋めこまれる（焼きつけ、植えこみ、インプリントなどと言う）。生まれつきのものもあるが、良い結果を生じた行動は繰返されてその感情や動機のパターンが埋めこまれ、刺激によって容易に呼びだされて行動を実現する。この変更によって怒りやすい、楽天的などの個人的性格が形成される。個々の神経細胞は信号を処理するたびに単純な変化をするだけなのに、神経回路網全体としては生きるために

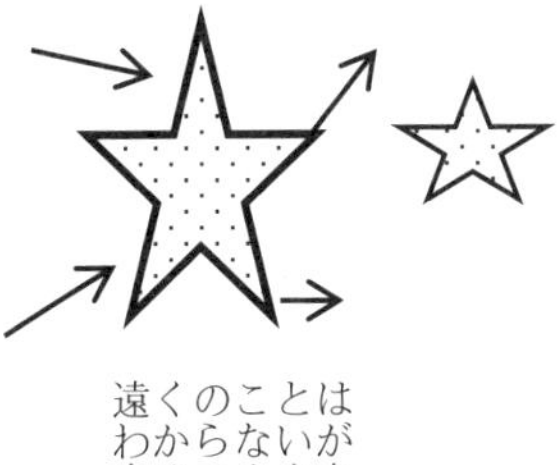

必要な複雑多様な能力を実現する。ここには巧妙な学習アルゴリズムが潜んでいるはずだか、それを解明するのは未解決の難しい基本的問題である。

長期記憶と多様な個性

人は印象深い出来事の場面や感情（事項と呼ぶ）を、長期記憶（固定記憶）に蓄え、関係のある他の事項と関係づける。蓄えられた内容は、必要に応じて神経回路網に呼びだされて波動を生じ、感情の波動と作用しあう。それらを実行するのはすべて神経細胞の集合だが、劇場の客席に譬えればわかりやすい。刺激の席、感情の席、動機の席などがある。はじめから埋まった席もあり、空席もある。経験を積むうちに、さまざまな感情や動機のパターンが神経回路網に植えこまれる。刺激から生じる波動、波動から呼びだしやすい動機などのつながり（リンク）を矢印で表す。具体的な感情や動機が席に座り、刺激から行動をつなぐ「リンク構造」は、長期記憶を形成し、個性そのものを表すと言える。

ある事項を長期記憶に収めようとするとき、既に収められている事項と関係があることが多い。かまわずに次々と事項を収納していると複雑になって収拾がつかなくなるから、あらかじめ整理しなければならない。収納すべき事項とそれに関係がある収納済みの関連事項を、すべて短期記憶

（一時記憶）に入れる。それらは波動として総合され整理され、リンクを整えてから、改めて長期記憶に収容される。このときの神経回路網の活動が学習過程に相当する。事項を長期記憶から呼びだすときには、いきなり呼びだすこともあり、別の事項からリンクを辿って呼びだすこともある。リンクを辿る過程は連想と呼ばれ、思考の展開に重要な役をする。

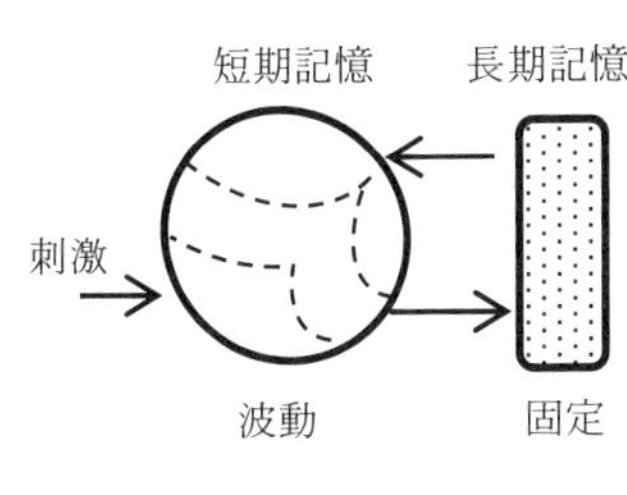

長期記憶への収納

人間は常に多くの刺激を受けて感情の波動を生成する。一つの波動が続く間に別の刺激を受けて波動が重ねあわされるだろうし、神経細胞は動作をする度に動作様式を変えるかもしれない。これらの事情のために、きわめて多様な感情が生じ多様な行動が生じる。環境は偶然に満ちているから、行動して得られる結果はさらに多様になる。人間にはもともと遺伝子や教育、経験による多様性があるが、情動のメカニズムからは格段に多様な感情と個性が生成される。進化に際して多様な個性が重要であることを考えれば、人間は情動のメカニズムによって他の動物の及ばない高度の進

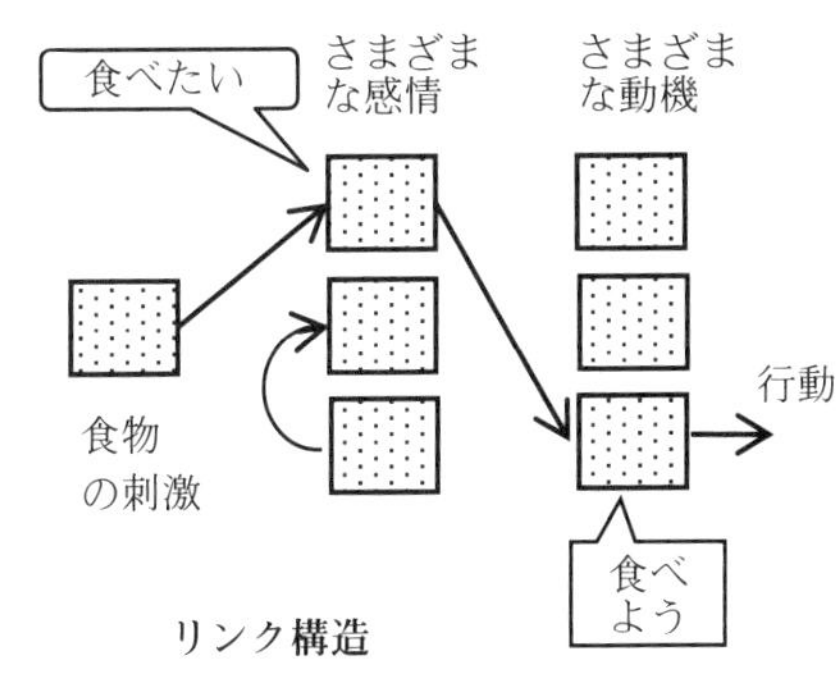

リンク構造

化を実現したのだと考えられる。
記憶の内容や構造は遺伝子に含まれていないが、情動や学習のメカニズムそのものは遺伝子に含まれている。我々はそれを尊重し活用して多様に生き、進化の結果を子孫に伝えなければならない。しかし、いまハイテクによって世の中は一様化の波に支配され、個性の多様性を抑圧している。進化の立場から言えばそれは望ましいことではなく、多様性と一様性の調和を図ることが現在の重要な課題である。

複雑な環境

複雑な刺激 → 多様な感情 → 多様な行動 → 多様な結果

学習

多様な個性

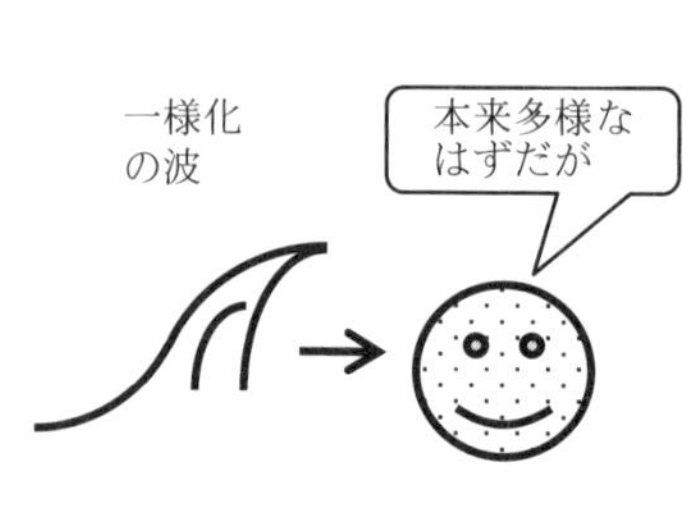

4　機械との妥協

異質な相棒

人間と機械は情動と論理、具体的には多様な感情と明快な論理という異質な要素を含んだまま協力することになった。悪路をバイクで進むとき、ドライバーは体にかかる力、目に映る情景、平衡器官などを通してバイクの状態を知り（「感覚的」と言う）、ハンドルの回転角やペダルの踏みなど数値化できる信号によって、バイクに意図を伝える（「数値的」と言う）。つまりドライバーはバイクへ数値的信号を送り、バイクから感覚的信号を受けとる。

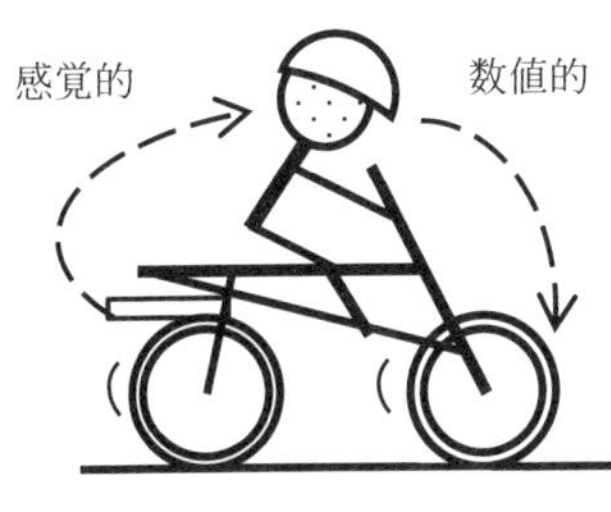

バイクの運転

オペレータが大型アンテナの方向を調整するとき、オペレータは望む方向を制御盤から数値でアンテナに伝える。アンテナは信号を理解して向きを変え、結果を制御盤のメータから報告する。つまり、オペレータは数値的信号をアンテナに伝え、アンテナから数値的信号によって報告を受ける。

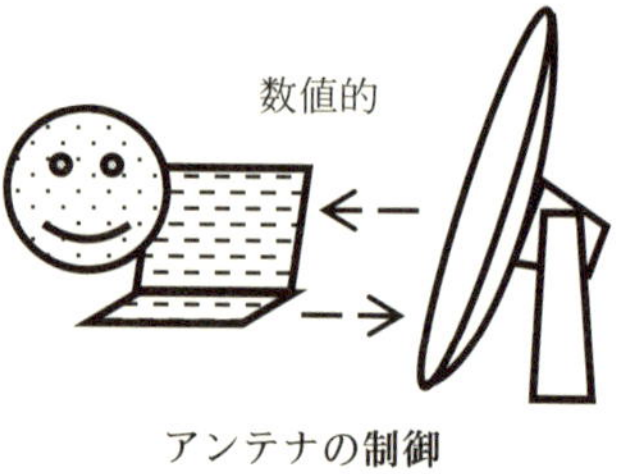

数値的

アンテナの制御

すり合わせ

論理駆動の機械には感情がないから、外部とは数値的信号をやりとりし、内部では論理的に情報を処理（「機械流」と言う）したい。情動駆動の人間は、本来は外部から感覚的信号を受けとって脳で情動によって処理し、叫び声など感覚的信号で結果を表現（「人間流」と言う）すれば自然で快い。

機械は感覚的信号を扱えないが真似事はする。人間の表情や音声から大まかに感情を推定し、さまざまなメロディで感覚的信号を送ることができる。しかしそれでは不正確になるから、できれば機械流でやりとりしたい。人間はもともと感覚的信号が快いが、数字キーを叩いて数値的信号を送り、数値的信号を受けて「5倍とは驚いた」と情動的に理解し、処理結果を数値的信号に変換して送りだすこともできる。

人間は人間流、機械は機械流で信号をやりとりし、処理したい。しかし双方が自分の都合を主張したのでは折りあいがつかない。機械は感覚的信号が苦手だが、人間はあまり苦労せずに数値的信号を扱える。そこで普通は人間が機械に妥協して、機械と数値的信号をやりとりする。それで人間も機械も一応は納得するが、人間の脳は情動的な処理をするから、入口と出口で人間流と機械流の信号を相互に変換しなければならない。電話番号558-4141を「ここはよいよい」と文章で記憶し、使うときに数字列に変換するようなものだ。この変換は余分な手間になり、脳に少し負担がかかる。人々は負担と不便さに慣れるが、やがて影響が生じる。

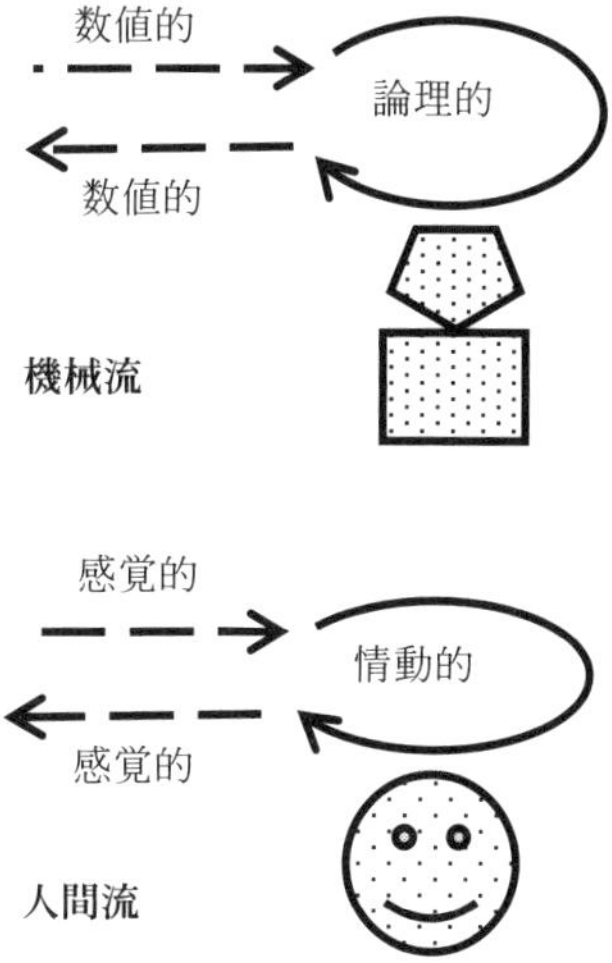

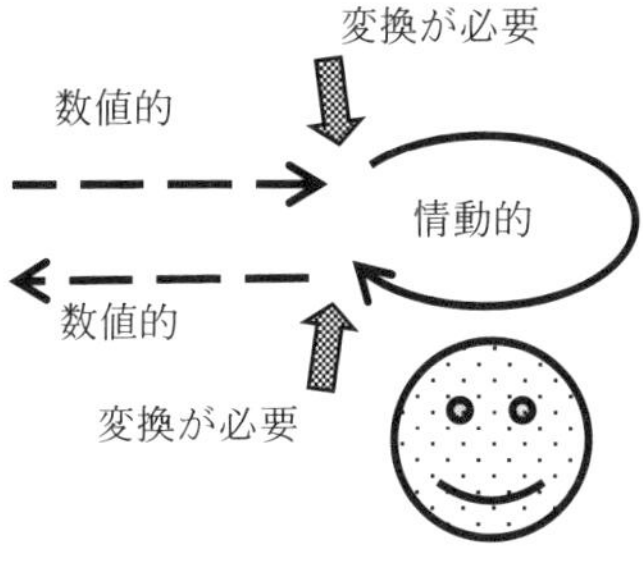

低情報量のやりとり

人間同士が顔を合わせたときには声や表情が膨大な量の感覚的情報を運ぶが、仕事で用件を伝えるとき、特に数値に関してはきわめて大まかである。採点は5段階、時間は「だいたい3時間半」とせいぜい2桁の数値にし、用件は顔を合わせずメールで済ませる。機械はお金なら何桁の巨額でも、また1円まででも計算するが、人間が大まかでよいのなら、簡単で安価な低情報量の機械を使えばよい。実際いまはそのようになっている。パソコンを通して交信するときには低情報量のキーボードやマウスが中間に入り、用件は伝わるが細かな気持は伝わらない。顔を見て「あ」と言うと声や表情から微妙な気持が伝わるが、メールでは「あ」と一つのキーを押すだけで僅かな情報しか送られず、細かな気持は伝わらない。

音楽の生演奏を聴けば、演奏者の解釈や感情が膨大な情報量の感覚的信号として伝わるが、同じ曲を楽譜で表すと、限られた数の音符や記号を並べるだけの数値的表現になり、生演奏よりはるかに情報量が少ない。少ない情報量に満足する人々は、機械に妥協した結果として粗い考え方になってしまうのか。脳の出入口で情動と数値を相互に変換する手間には慣れても心の中では面倒だと感じ、適当に値を丸めてしまうのか。これでは細やかな情感の世界に生きてきた人間の特徴が失われる。安易に世の中の波に流されずに、自分の姿を見つめて考えなければならない。

低情報量のやりとりは人間関係に大きく影響する。P氏とQ氏がメールで対話する。P氏は実物のQ氏ではなく、自分の端末画面上のQ氏像に相対するが、端末上の像は感情を運んでこないから「虚像」、あるいは「人形」である。人々は端末の画面が虚像だと承知しているが、「嬉しい」とキーを叩くと気持が伝わったと思う。昔、文書を手書きしたときは、漢字一字ずつの意味を考えて気持を籠(こ)めた。しかし音読みでキーを叩くと自然に感情抜きの雑な文章になっている。もっとも俳句を詠むように時間をかけて文章を練れば、低速度の機械でも感情が伝わるだろう。しかし日常生活ではそのような暇はない。感情は届かず人々は乾いていく。

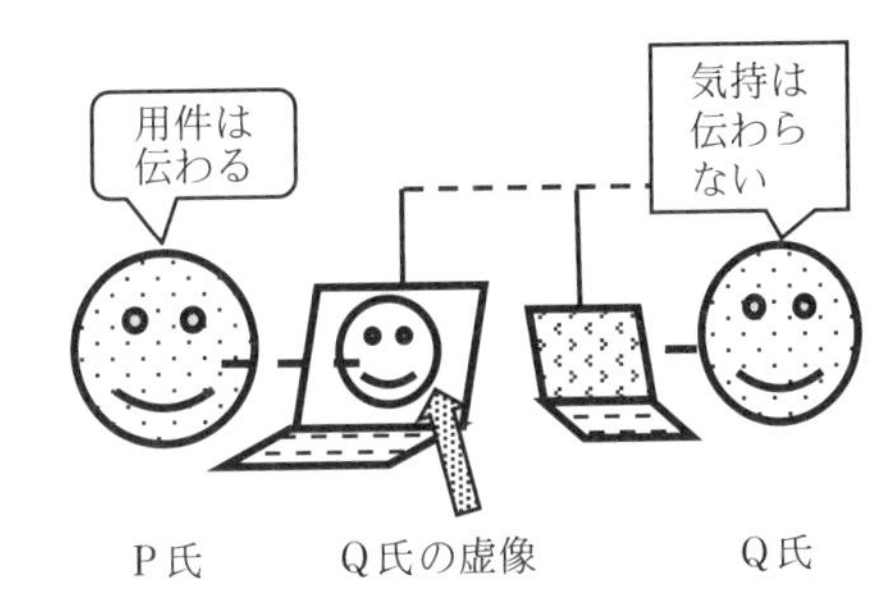

思考が変わる

人間と機械が数値的信号をやりとりすることになると、脳が情動的に情報を処理する以外は、すべての情報が機械流で伝達し処理される。それならばいっそのこと脳も機械流に動作すればすっきりするし、出入口での人間流と機械流の間の変換も不必要になる。

実際いま世の中はそのようになりつつある。味の5段階評価を求められると、自分としてはもっと微妙な違いがわかるから少し注釈を付けたいが、出題者は「5個のどれかに丸を付ければよい」と言う。それしか見ないのなら細かく考えても無駄だ。料理の名人は微妙な味を舌で感じるが、言葉で表すのは難しい。それを料理のテキストでは「小匙一杯の」と簡単に書くだけだし、グルメ番組のレポーターは「美味しい」、「ジューシー」を連発するだけだ。舌が鈍いのか微妙な味を表現するのが面倒なのか。まさに脳の怠け癖である。5段階の回答でよいのなら脳でも5段階で考え、料理の味も「よい、まあまあ」くらいに○×で粗く判断すればよいとしよう。細かい知識が必要な場合にはマニュアルに頼ればよい。そうなると情動が出る幕はほとんどなくなり、思考も表現も機械と同じになる。それは人間性の喪失だが、人々は安易な道に定着する。

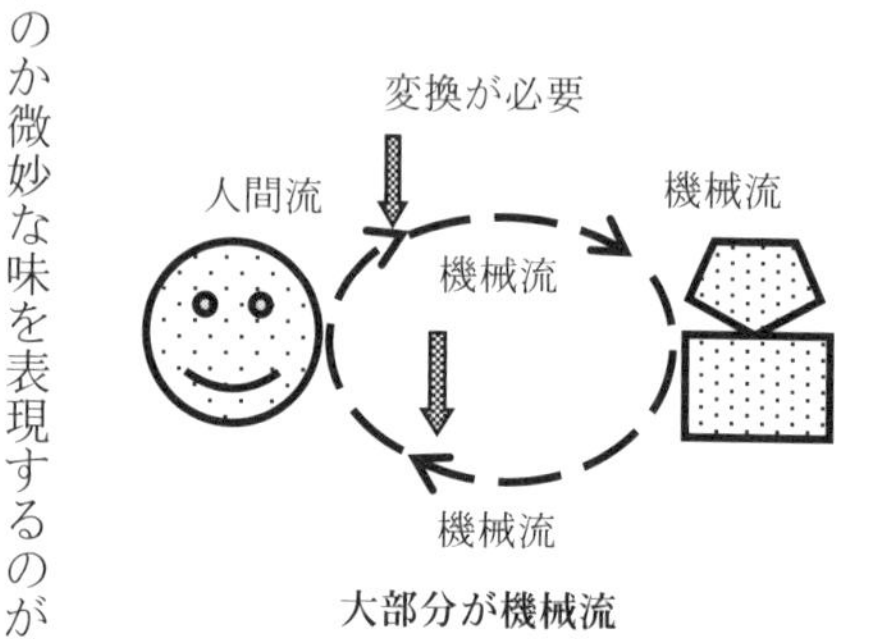

大部分が機械流

キーボードやマウスのような低情報量の器具を通すことが問題なら、カメラやマイクを使い画像と音声を送って情報量を増せばよい。少しは感情が伝わる。実際、端末上で相手の画像を見ると

「大いに喜んでいる」くらいはわかる。さらに情報量を増やせば気持はよりよく伝わるのだろうか。仮想現実感（バーチュアル・リアリティ）の技術がいま熱心に研究されている。その目標は、感情を伝えるというよりも、人物や物体の像を「本物そっくり」に再現することであり、3D画像、匂い、触覚などあらゆる感覚を利用して臨場感（現実感）を高める。将来、仮想現実感の技術はさらに進歩して、忠実な像が提示されるだろう。しかし「本物そっくりの像にすれば感情も伝わる」と考えるのは単純にすぎる。

例えば絵画史を遡ると、古代人は狩猟の光景を感じたまま洞窟に描いた。中世の職業画家は風景や人物を「本物そっくり」に描いたが、やがて本物そっくりに満足しない画家が現れ、感動した要素を強調して描いた。さらに具象を離れて感情を色や形で直接に表現する画家も現れた。ディジタルカメラは視野全部を走査して情報とするが、人間は関心のある事物だけを注意し、他は適当にしか見ない。モナリザの背景はあまり覚えていない。相撲の放送では土俵しか見ないし、時代劇では主人公の立回りしか見ない。視覚以外の感

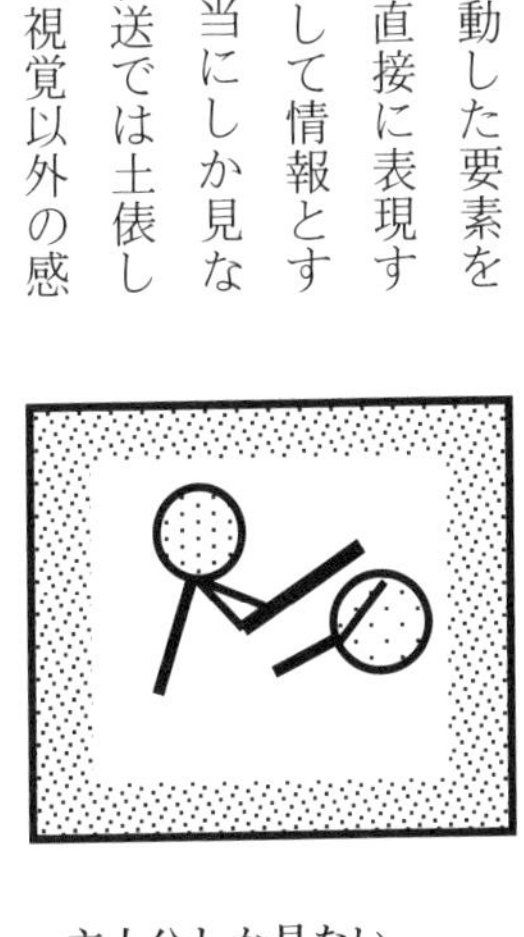

主人公しか見ない

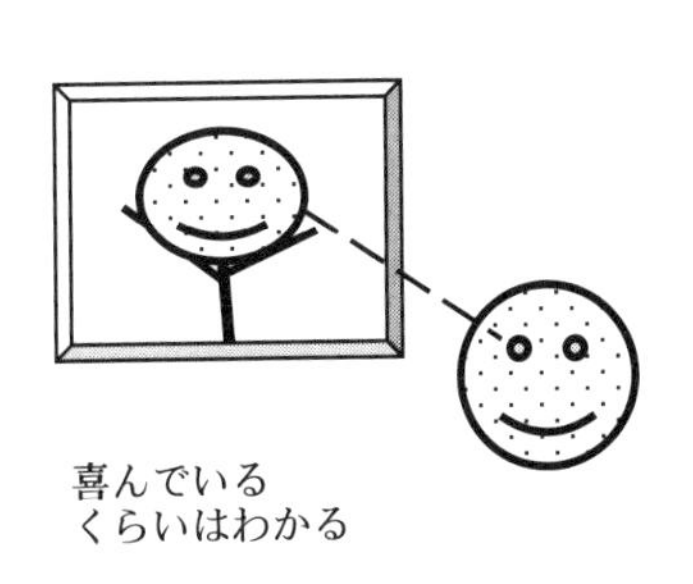

喜んでいる
くらいはわかる

覚についても同様である。この注意集中の心理を無視したままでは感情伝達の技術は完成しない。

　将来、機械が進歩して人間の心的プロセスに沿って感覚的信号を正確にやりとりできるようになれば、機械が人間に合わせて動作し、人間は人間流で動作できることになる。一部の研究者はこの方向を目指し、人間の神経系の構造と動作を解明し模倣する努力を続けているが、その道は遠い。

5　人間関係が変わる

狭い窓と人形

ネットワークを通す交流では、人は端末上の仮想人物（虚像つまり人形）に相対する。相手が虚像だと承知しているが、用件が通じると気持も通じると思う。そしていつも虚像と交流していると、実物と虚像の区別ができなくなる。

実物と虚像の混同はいまに始まったことではない。女の子が人形を抱き、生身の友達として会話を楽しむが、遊びが終わると人形はただの物体になり、部屋の隅へ放られる。それと同じように、気軽に仮想世界に出入りすると人形が生身の人間に、生身の人間が人形に見えてくる。生身の人を人形だと思えば、相手の気持を気にせず無神経に発

実像と虚像が区別できない

言し行動する。無差別殺人事件の裁判では、犯人が「だれでも殺せばよかった」と言う。人形だと思うから躊躇せずに殺せるわけだ。掲示板のいじめっ子は、人々が本気で読むと思わないから平気で悪口を書く。

街を二人の若者が親しげに歩いている。世の中を真剣に眺めて考える年頃だが、人生や政治の話でなく昨日の遊びや食事などとりとめない話をしている。人形が相手なら深遠な思想を展開する気分にならないのだ。

メール人種は、同窓会で旧友と会っても人形相手のように他愛ない会話に終始する。しかしパーティで初対面の人を前にすると、適切な話題を選び自分の考えを順序立てて話すといった整った対応ができない。人形だと思っていた相手が微妙な表情や細やかな情を示すのだから、困惑するのは当然である。ネットワークは交友範囲を形式上拡げるが、実は気持が通じる範囲を狭くしていく。

天動説人間

池に転落する人がいると「柵がない」と言われ、街角の工事の掲示がわかりにくいと当局が非難される。安全安心な社会というが、人が不注意でも生きていけるということなのか。子供は何でもやりたいことをし、大人は端末に相対して自分だけの世界を築く。人々は形式上は社会の構成員だが、それぞれが自己中心の「天動説」人間になる。

昔の天動説人間は、偉い親の七光を背負って「俺は偉いのだ」と気ままに行動した。いまの天動説人間は「俺は世界の中心」であり、人々は自分を回る衛星群である。他人に気を使わず、自分独りの力で生きているつもりだが、「自分でやれ」と言われると、本当は何もできない。

天動説人間は他人と干渉なく生きるから、社会はいちおう平和だが、近所のビル工事や公共施設の計画など身近に問題が起きると、突然自分の都合に気がついて勝手な主張をする。天動説で自分勝手な世界を築く人々は多様になるが、社会は成立しない。

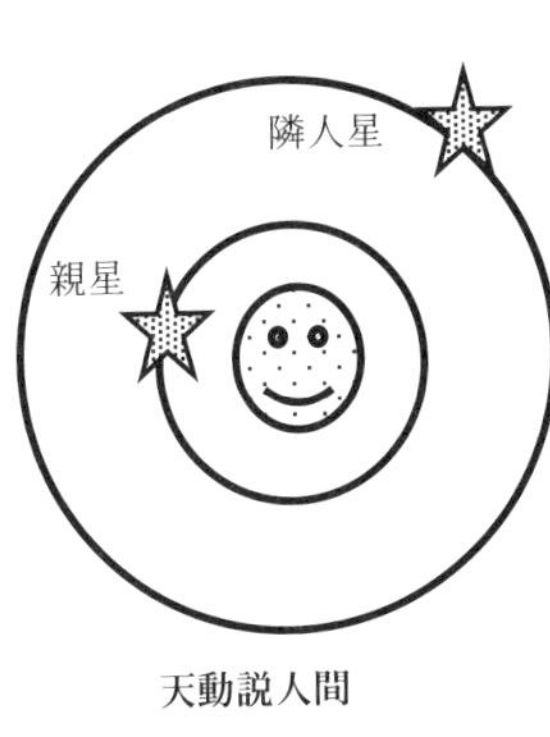

天動説人間

友人Aと友人B

ネットワークの下で日常的に交流するのは、隣人、学友などごく少数だが、それらの人々ともあまり顔を合わさず、ケータイで顔や声を交わすだけになる。長年付合っている相手だから、喜怒哀楽の表情が自分の長期記憶に保存されている。ケータイがつながると相手の像が呼びだされ、本人が目の前にいる気になる。本人像が容易に呼びだされて気持が通じると思う友人を、「友人A」と呼ぶ。友人Aは従来の意味での友人よりはるかに少ない。

人間には、親しい人といつもつながっていたいという心理がある。幼児は母親の体に触れて安心し、子供はケータイで、「いまどこ」とどうでもよい会話を交わす。大人も握手、ハグなどで他人の体に触れる。人は象徴的な接触で満足するから、ケータイも親近感や連帯感を高めるために利用できるだろう。

本来友人とは、顔を合わせて気持を通じる人達であったが、いま多くの人々はネットワークを通して気持抜きで虚像と交流し用件を伝える。用件だけのために交流する人々を「友人B」と呼ぶ。友人Bは従来の友人よりはるかに多い。メールアドレスを教えると友人Bができ、毎日迷惑メールをくれる友人Bもいる。

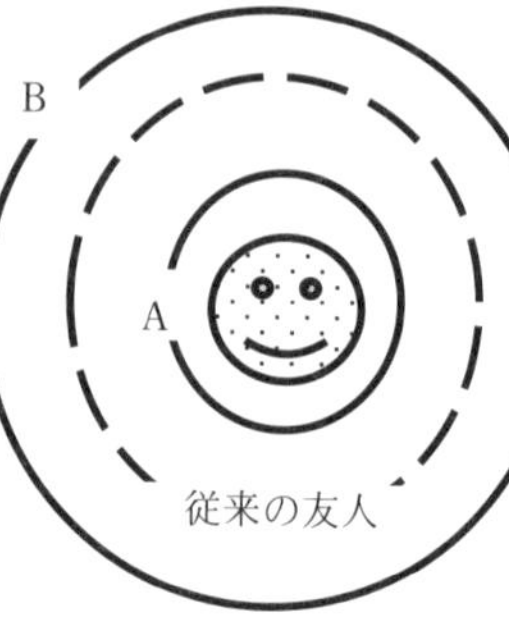

友人Aと友人B

慣れるまでは

社会は友人Bの乾いた骨組によって構成され、その僅かな隙間に友人Aが置かれる。友人Bとの交流に慣れない人は、端末像を実像だと誤解し問題が起きる。例えばある社会問題について軽い気持で意見を発表すると、思いがけず大勢が共鳴して実際の運動に発展し、リーダーに祭りあげられてしまう。友人Bとの交際に深入りすると予想外のことが起きるから、人々は表面的な交流に止（とど）まる。気持や個性に深入りせずに用件や意見を交流する関係は、約束や文書を基本とする冷静で平和な契約社会に通じるが、それがよいのかどうかはわからない。

昔も仮面舞踏会や掲示板など顔を見せない場では、「言い逃げ、書き逃げ」の意識があり、平気で無神経な表現もあった。友人Bの虚像から真の感情が伝わらないと承知していれば、刺々（とげとげ）しい言葉のやりとりは気にならない。悪口はごみと同じで拭きとれば終りだ。いまネットワークによる中傷が子供を傷つけると言うが、暴力行為でなければ、「いじめ」の気持は本当は伝わってこないのだから、言えば気が済み、言われても気にしなければそれだけのことだ。しかしそれを理解しない子供は傷つく。

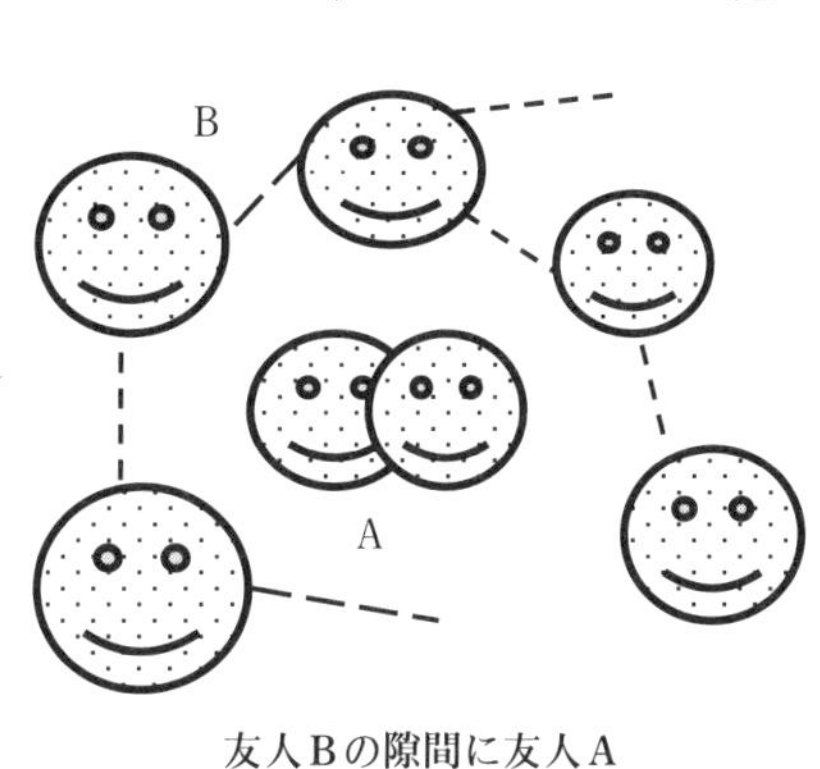

友人Bの隙間に友人A

6　一様化の波

進化の行先は一様性

昔、人々は家族や親戚単位で小さくまとまり、自己流の暮しをしていたが、食糧を求めて行動範囲が拡がると他の人達と出会い、互いに優れた生き方を模倣して、ライフスタイルが少しずつ一様化した。集団が大きくなり、部落から国家になれば、規律を保ち敵と対抗するために、人々はさらに一様化した。一様化は自然の流れである。熱力学の法則によれば、自然界は時間とともに一様化すると言う。コップの水に赤インクを落とすとしばらく模様を描くが、やがて均一なピンク色になる。

生存競争では、競争の度に環境によりよく適合する競争者達が残され、山登りでは賢く行動する登山者達が残される。それらは似た者同士であり集団は一様に近づく。つまり競争は一様化する要素を含んでいる。競争と選別が続けば、最後に残った個体はすべてが最適点（頂上）に到着して一様社会を構成し、その後は細かな動揺があるかもしれないが一様社会は崩れない。「進化を推進してきた多様性が任務を終え、一様性が残された」とも言える。もちろん環境条件が変われば競争が再開する。歴史は多様性と一様性の繰返しである。与えられた条件をよりよく満たそうとする集団は、（登山では上下が逆になるが）重力場で低い位置を求めて移動する球に譬えられる。斜面の球はすべて谷底に集まって一様社会を形成し、少しの擾乱を受けてもそこに留まる。しかし大きな擾乱があれば、飛びだして戻らないかもしれない。

まとまると同じ様になる

産業からの一様化

人々の生活が一様になれば、同じような機械器具が大量に必要になり、それを製造し供給する産業が生まれる。生産者が同じような機械を大量に製造し供給するときには、標準品を設計し、それに従って商品を生産すれば、価格、信頼性、保守などすべての点で有利になる。実際、スーパーの売場に行くと、寸法や色が違う程度で、同じような商品が並んでいる。

一様化した世の中でも、人は個性を主張したいことがある。靴や服がぴったりと体に合い、居間の家具が隙間（すきま）なく並べば気持がいい。しかし自分勝手に品物を注文すると、途方もなく高い値段になり、修理も不便だから、人々は標準品に妥協する。つまり機械は自然の勢いとして人間に一様性を押しつけ、人々は受け身でそれに従って一様に生活する。

機械の側でも競争による一様化が起きる。人々がある目的のための機械を必要とすると、企業はさまざまな製品を提供して市場を争う。それは生物が一つの環境の下で生存を競うのと同じだ。市場で顧客が製品を評価して勝負がつくと、敗者は勝者の設計に学び、市場の商品は一様化に向かう。つまり機械は、自分達が競争しつつ標準化を通して人間に一様性を押しつける。機械だけでなく、交通、ファッション、芸術など社会のさまざまな活動についても同じように競争が起きる。時には新しい試みがあるが、大まかにはそれぞれの活動は一様化に向かう。

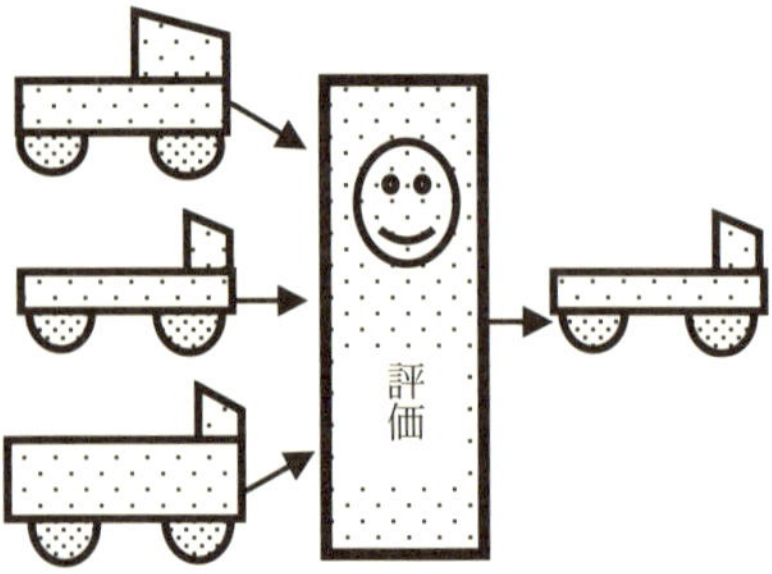

機械も競争する

受け身の姿勢

鉄道やカメラなど新しい機械が現れたときには、人々はまず困惑したが、時が経てば便利さを理解してそれを受けいれた。時が解決の一つの方法だった。しかし現在のように新しい機械が続々と現れると、人々は困惑する暇もなく、便利さを理解するのに精一杯でそれらを受けいれ、多数の機械に囲まれて暮す。そして機械は自動化・知能化し、人々はそれを歓迎して怠け者になる。

やがて人々は一様に同じような機械に囲まれて生活する。同じ時間に起き、同じような朝食を摂って職場に向かい、スケジュールに従って働く。同じバスで帰路につき、スーパーで同じ食材を買って同じような夕食をし、同じテレビ番組を見る。ライフスタイルが一様になれば考えることも一様になり、マスコミは一様な思想を配布して人々に一様な反応と行動を誘う。同じような感覚の服装が流行し、同じような料理がもてはやされる。価値観多様化の時代だと言うが、便利な生活に向かって物事が激しく変化するときには、多少の違和感があったとしてもいちいち文句を言ってはいられない。人々は強い自己主張もせず一様性に埋没して落ちつく。

機械は人間の能力を一様に拡大する。望遠鏡を使えば皆が同じように遠くを眺め、列車に乗れば同じ時間で目的地に着く。ワープロを使えば字の上手下手は関係ないし、ディスクでまったく同じ演奏を楽しむ。学生は同じ資料をコピーしレポートして同じ点数を貰う。機械は厚化粧のように個人の能力を覆い隠す。能力が同じだとなれば、学術、生産、商業などどの分野でも、個人の能力を磨き競う意味がない。

社会に出ればパソコンを使って仕事をするのだから、資格試験や入学試験でも端末の持込みを許し、それを活用して問題解決を競うべきである。しかし受験者がさまざまな機械を持参すると、試験は機械の性能の競争になり、厚化粧の下はわからない。

人間は自分の進化や機械の影響などさまざま要因によって受け身の姿勢になり、一様化される。それは怠け癖、受け身、消極的、機械流などさまざまに表現されるが、実質的には同じことである。

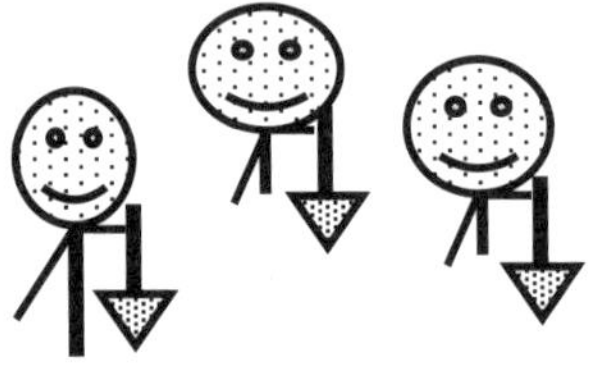

道具が同じなら能力も同じ

一様性と多様性

いま人々は一様化していくが、人間にはもともと一様性と多様性の二つの要素がある。弱い動物は大勢でまとまって群れを作る。人間も職場で制服を着て同じ挨拶を交わすと落着き、警官に追われる泥棒は群衆に紛れこむ。しかし皆と違う服を着飾り、違う料理を食べるのも楽しい。

進化では、はじめは多様な競争者が競うが、進化が進むと社会は一様化する。そして一様社会は敵の攻撃や環境の変化に弱い。攻撃側が一様社会の一人を倒す武器を持てば、すべての人を倒すことができる。ここでもし社会が一様でなければ、だれかが生き残り簡単には全滅しないはずだ。新しい病原菌が出現して一様社会を攻撃するときも同じことになる。

生物の歴史は、多様な競争者の中から覇者が選ばれて一様化し、そして滅亡し、次の覇者に向けて競争が始まるというサイクルの繰返しである。一つの種の立場としては、進化し一様化していく中で、できるだけ広い範囲の多様性（多様な個性）を保持して、社会の秩序を保ちつつ進化したい。つまり一様性と多様性をバランスよく保持することが重要である。しかしいま人間は機械の影響を受け、バランスは圧倒的に一様化に傾いている。それは好ましいことではない。その意味では、教育においても社会制度においても個性を尊重すべきである。

適切なバランスを

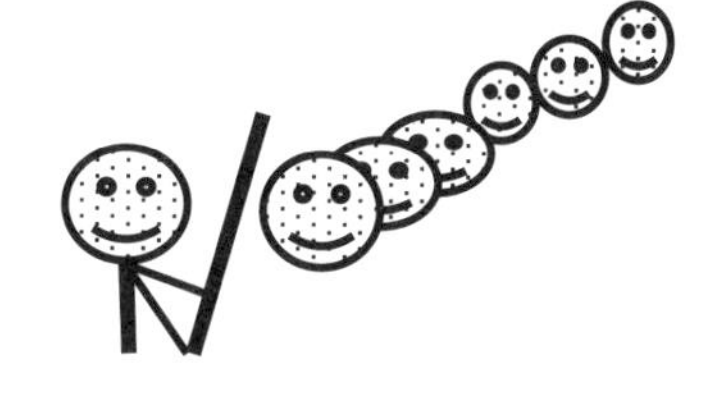
一人に勝てば皆に勝てる

魚取りの網か

人々はいちおう自分の意志で機械を受けいれてきた。しかし情報ネットワークが出現すると、役所、企業、家庭などすべてが接続され、個人は自分の端末（パソコン、ケータイ、スマホなど）を通してネットワークに接続されて、まるで漁網のようにすべての人が否応なく一様に覆われる。人々はいながらにして情報を交流し、用件を処理する。だれとでも交信し、自分の状況を公表できる。秘密でなければだれでもネットワーク上の情報や知識を入手できる。公平開放性には誤解や悪意の危険があるが、それなりに貴重である。しかし人々はその代償として一様性を受けいれなければならない。

情報や知識をネットワークに求めると、「AはBである」と理由も注釈もない短絡的な知識の断片が提供される。情報源を特定することは難しいし、「皆が同じ情報を見ているから、間違いがあればだれかが指摘するだろう」と、入手した情報をとりあえず頭に入れる。完全に信用するわけではないが、重要な知識はネットワークから一様に提

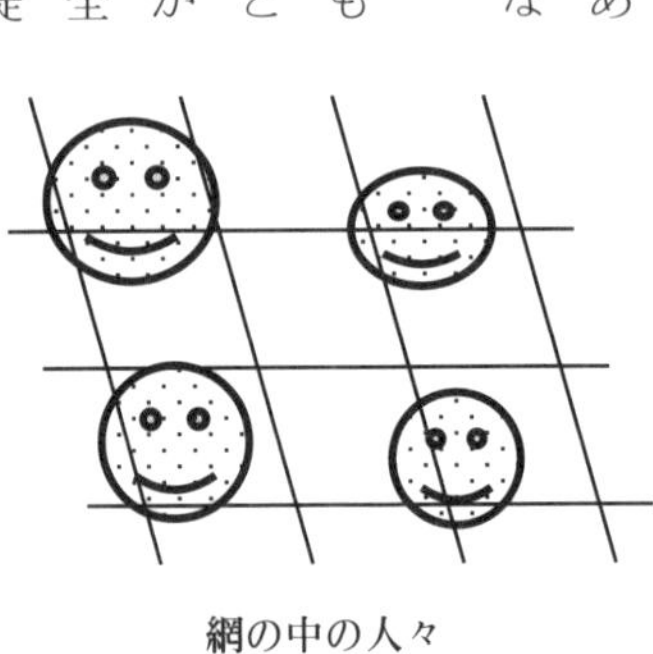

網の中の人々

供され、人々の頭脳は板にペンキを塗るように一様化される。

これまで人は苦労して自分の知識体系を築いてきたが、いまはネットワークから同じ知識がいつでも得られるから、用が済めば捨ててもよい。脳にはたまたま捨てなかった断片が残る。断片の集積はごみの山と同じで価値がないし、個性とは言えない。しかし人々はまちまちの問題に関心を持ち、交流ができない。人は得た断片をそのまま蓄え、利用するときにはそのまま出力する。蓄えた知識はまったく同じ問題には適用できるが、応用問題にはお手上げである。しかし人々はその愚かさに気がつかない。

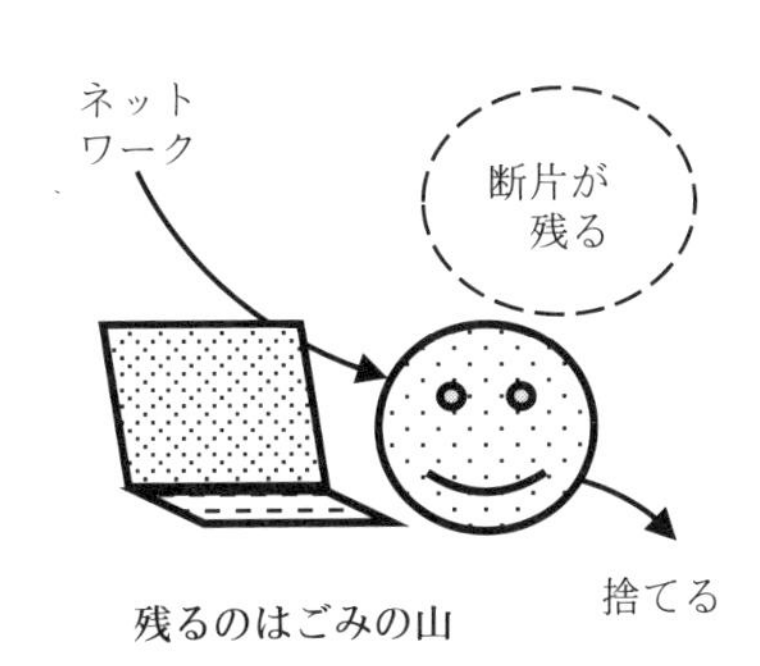

残るのはごみの山

一様性の中の教育

ネットワークとハイテク機械は、いま凄まじい勢いで人々を一様化していく。それに逆らうことは難しい。社会を進歩させるのは第一に大衆の知識と見識だから、まず一様でもよいからそれを高める必要がある。読み書き算盤（そろばん）や地理、歴史、社会などの基礎知識を一様に教えるのは、ハイテクの得意であり、効果的な教育方法を提供する。実際、入試を目指すいまの勉強法は、人の脳をパソコンの記憶装置のように効率よく整備し、公式とマニュアルに頼る心を植えつける。しかしそれでは自律心がない一様な人々の集団になり、ロボットの集団と変わらない。暗記の競争では社会の進化もないだろう。

　人間の社会としては、一様な基礎知識の上に多様な個性とともに社会性や人間性の見識を築く必要がある。それは人それぞれが個性を持ち、自分と社会のあり方を考えることを意味する。将来は膨大な智恵と知識の断片的データが多数の貯蔵庫に分散される。見識としては、具体的な問題に出会う度にネットワークを通して必要な知識を引きだして総合し、自分が社会の中でどのように行動すべきかを考える姿勢が望まれる。

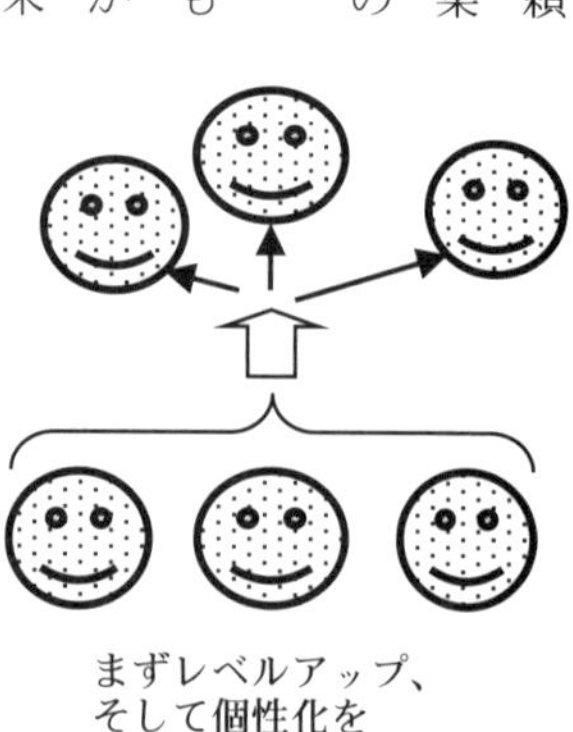

まずレベルアップ、
そして個性化を

　そのような柔軟な個性を築くには、学校の僅かな授業時間では無理である。日常に学び成長するためには家庭教育と親の責任感も重いが、いまの安全安心な環境の下では日常生活の中で経験に学ぶ機会は少ない。昔から寓話や物語などの仮想世界が現実の経験を補う働きをしてきたが、ハイテクはその働きを拡大できるはずである。そのような見地からネットワークと端末の操作を重点的に教える学校もあるが、それでは牧草の食べ方を知って生きる羊と変わらない。牧草の中味が大事である。

親が頼りないのなら、例えばハイテク仮想教師が付添い、楽しい日常生活の中で子供を個性豊かに導くといった工夫があるだろう。マスコミも仮想教師として重要だが、いまのテレビ番組は騒々しい娯楽、興味本位の犯罪報道、浅はかな科学記事などで人間性教育からは程遠く、改善の必要が大きい。日常的な啓蒙となればテレビだけでなくラジオも重要である。雑音レベルを抑え放送内容を改善して、特殊な興味だけでなく一般大衆が楽しく学べるように工夫してほしい。

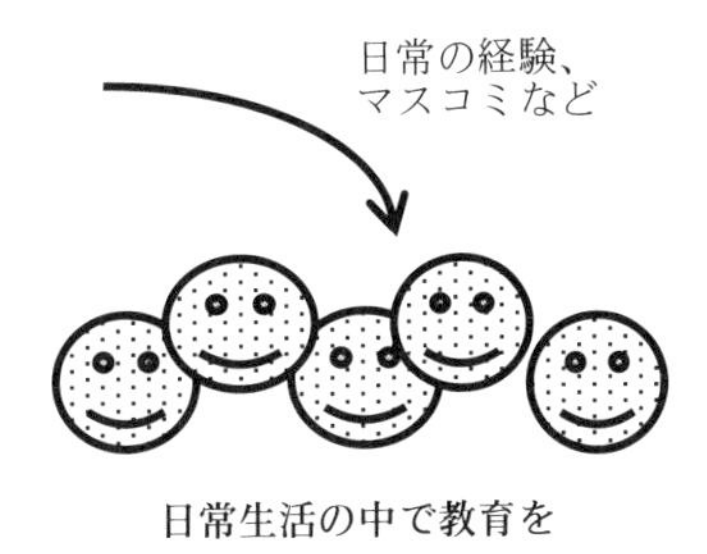

日常生活の中で教育を

前進するために

力を高めた大衆が前進するためにはリーダーが必要である。いまの入りくんだ社会では、少数のリーダーが理想を振りかざしても空まわりになる。大衆とリーダーなどと色わけをせず、牽引する者、される者が混然と融合した状態で前進するのが民主主義の社会であり、それにふさわしいさまざまな人々が存在することが望ましい。公式的なリーダー養成プログラムによって「夢に燃えるリーダーを世に送りだす」仕組などは、まさに有害無益と言うべきである。

素質のある若者を選んでリーダーの意識を育てるのは大学など高等教育機関の任務のはずだが、

いま多くの大学は卒業生の就職を目標にして職業教育を重視し、およそリーダーの養成などは考えていない。しかし大学が本来の任務を忘れては、能力ある若者が埋れ、夢を見るだけの無能なリーダーが社会を低迷させる。

優れた若者を選ぶには、直感や統率などあらゆる面から潜在能力を見出す必要がある。強い個性の持主はしばしば社会から拒否され抹殺されるが、歴史の中では変人が大きな業績を残し人類を導いてきた。変人ならよいというわけでもないから、選抜は微妙な問題である。筆記試験だけでなく面接をすればある程度の評価ができる。いまリハビリの分野ではケータイから日常の行動をある程度推測し、患者が処方の通りに運動を実行しているかどうかを観察する端末があるが、それと同じように専属の端末から本人の経験と勉学の経過を提出してもらえば、選抜の参考になる。

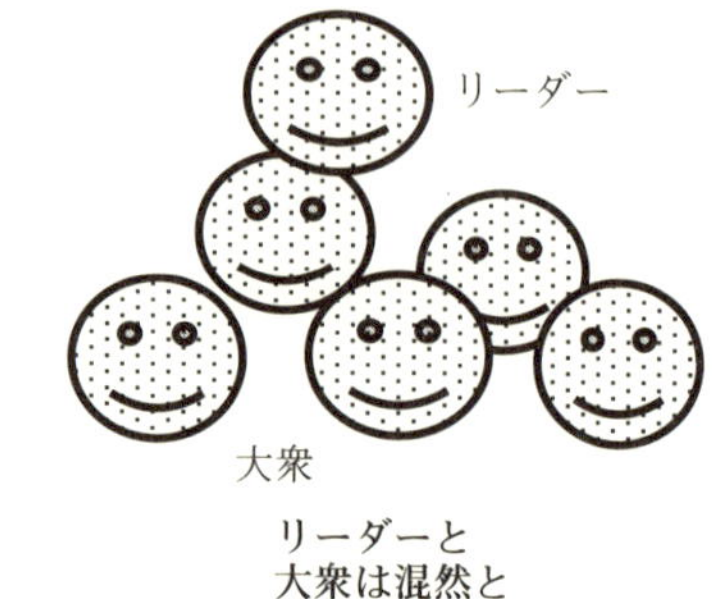

リーダーと
大衆は混然と

真に優れた若者には、体系的な講義などは必要ない。型に嵌（は）まった資料を与えるのでなく、昔と同じく先人の苦心の集まった膨大な図書を用意し、僅かな刺激を与えれば、自分の道を知って進む。それぞれの分野で権威者とされている人と議論すると、その道の古典とされる難解な論文を読みこなしていないことに気がつく。要領よくまとめられた講義体系では、内容は整備されても先人の苦心の跡が読みとれない事が多い。学生は多くを読み、自分で考え、世間を知り自分を知って世に出てほしい。

自己を知る

子供のときに将来を夢見るのは結構なことだが、大人になっても「俺の力で夢を実現しよう」では、無謀な突進になり社会を混乱させる。例えば若者がパソコンの技法に習熟して職場で活躍すると、「俺には能力がある、世の中を導こう」と思う。しかし実はたいしたことではない。新技術が出現すればいまの能力は御破算になり、自分の底力のなさに気がつく。夢を描く前にまず社会の一員として活動するのがよい。

それは過信だ

困ったことに過保護とハイテクの中の子供は、「自分は社会から大事にされている」と誤解して天動説になる。学校で「積極性を育てよう」と絵画や工作の自由製作時間を設けると、「何をしてもよいのだ」と思う。楽しい経験だが、その意識を修正されずに社会に出る。学校を卒業する時には、先生から「やり甲斐のある仕事をしなさい」と言われ、宝探しの気分で社会に出るが宝は待っていない。見渡すと同期生達は張りきって働いているようだ。そこで子供のころを思いだし、「好きなようにしよう」と転職するが、やはり宝はない。それでも「社会が悪い」と言う。

一様化され受け身で短絡的になった若者に、「独創的に、やりがいを」と説いて、夢を見るだけに終わらせてはならない。「独創的」は「他人と違う」ではなく、「やりがい」は「勝手なこと」ではない。社会との整合性がなければ夢は実現されない。若者が見当違いの人生を進み能力を浪費するのは、社会の損失であり悲しいことだ。ハイテクによる教育技術は、平凡な考えと一生の夢、一様性と多様性の調和を図りつつ発展しなければならない。

7　個性化への動き

専属の端末

少し前までパソコンがネットワーク接続の主役だった。人は一日の大部分を机上のパソコンに相対して働き，あるいは重いパソコンを携行して出張し，時間の合間にキーを叩いた。軽く小さい携帯用のパソコンも開発されたがあまり普及しなかった。しかし最近スマートホンなどの多機能携帯端末が急速に普及した（スマホ，専属端末，端末と言う）。スマホは急速に機能を高め，パソコンやケータイを抑えてネットワーク接続の主役になると予想される。

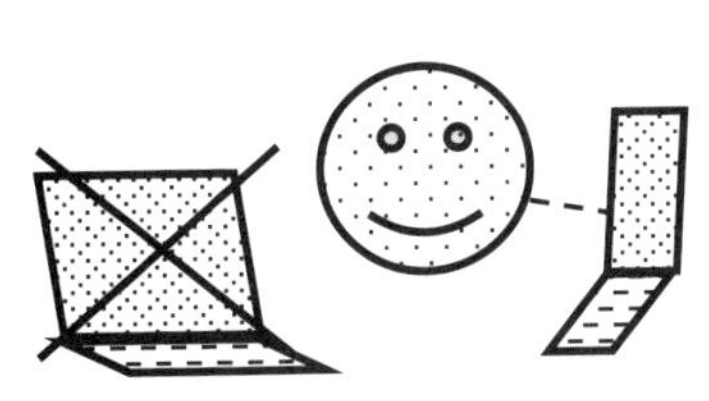

パソコンからスマホへ

街で出会う人々はスマホに夢中で人かまわずに楽しむ。単なる遊び道具や通信機器ではないようだ。スマホは携行というよりも個人専属が大きな特徴である。その意味ではまだ幼稚だが、急速に進歩して個性重視の流れを作りだすはずだ。常に持主の傍にいれば、その行動を支援し観察できる。膨大なデータを記録するだけでは意味がないが、整理し解析すれば持主の個性を理解できるだろう。人間の個性を推定する一般的方法などは存在しないが、この場合は特定の一人が対象であり、動作、発声、癖など個人的特徴が利用できる。また持主が「これは快適だ」などと独言を言ってくれるとなお助かる。端末はしだいに持主の個性を把握できるはずだ。

インターフェイスとして

人はそれぞれ洗濯機、コピー機など多数の支援機器に囲まれて生活する。支援機器は本来持主の個性に沿って設計すべきだが、大量生産の都合で標準化される。いまのパソコンの標準設計と同じで、不特定多数の人々に対応するために広い範囲の機能を用意するから、操作手順や動作表示が複雑になり、それぞれの人はごく一部の機能しか使わない。必要になる度に取扱説明書を開くの

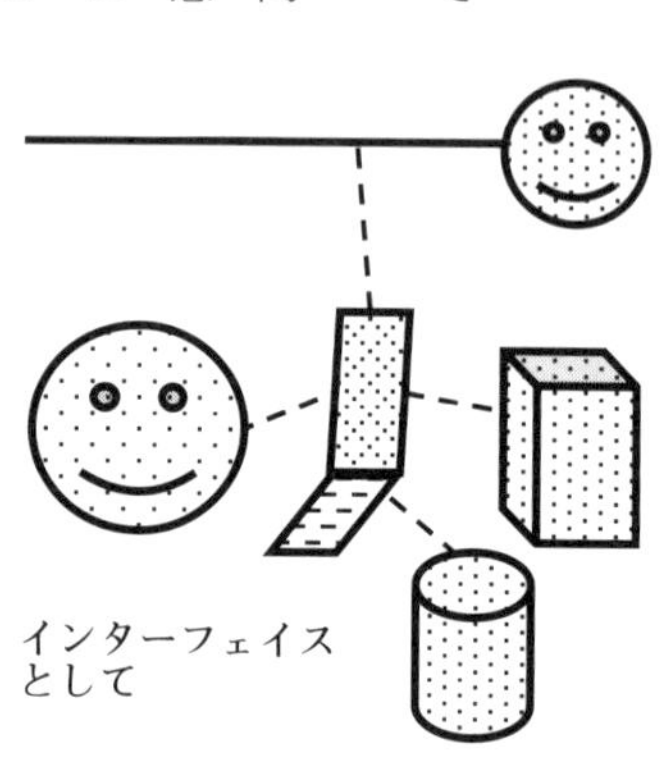
インターフェイス
として

は面倒だ。このとき端末は、持主と支援機器のインターフェイスとして動作する。支援機器それぞれの特性や操作の知識を収納し、持主が「いつもと同じ」などと簡単に指示をすれば、後は端末が引きうける。

持主が外部と接触するときにも、端末はネットワークとのインターフェイスとして動作する。端末は持主が送受するすべてのメッセージを中継し、持主や通信相手の個性を把握して整合を図る。例えば、持主がある知識を求めてネットワークを検索すると、無関係な説明や自明な記述が次々と現れ、必要な知識になかなか到達しない。このとき端末が先に到着情報を検閲して、持主の興味や知識レベルに合う記述を呈示すれば、持主は欲しい情報に速く到達し負担が減る。検索以外の行動も同様で、端末は発着情報を検閲し、表現を修正し説明を追加して、持主や相手の理解を助ける。

二人きりの城

個人専属端末は持主と一体になって行動する。持主は支援機器や外部社会と交信するが、実は端末だけと相対し、いわば「二人きりの城」に籠る。城の中で端末は持主の秘書になり、外部社会への窓になって、城外の一様化の波から持主の個性を守る。

端末は二人の城の情報拠点になり、城内外の状況を把握して持主を助け、活動範囲を拡大する。

持主と頻繁に交流する人についても、中継メッセージや外部の情報からその個性を把握する。持主への面会申込みがあれば、申込者の個性や周辺状況を考慮して承諾か拒絶か決め、持主の判断を求める。面会することになれば、相手端末と日時内容を打合せ、手持ちの知識を持主に提供する。人間の秘書もこの種の仕事をこなす。そのときボスはすべてを秘書に任せて頭が閑になり、二人の立場が心理的に変化して、端末の主導権が増大する。

端末は自主的にネットワークを通して知識を拡げ、活動範囲を拡大する。持主がある料理を食べたいと知れば、実際でも仮想でもよいが材料を発注し、料理を用意する。持主に書道や園芸の趣味があれば、関心や技量に合わせて付合う。闘牛なら自分が牛の役をしてもよいし、仮想牧場で牛を育ててもよい。勉学なら仮想教師になって持主の才能を磨く。しかしこれらは機械としての皮相的な行動に止まる。思想や信念など人間性の育成については、なお研究が必要だろう。

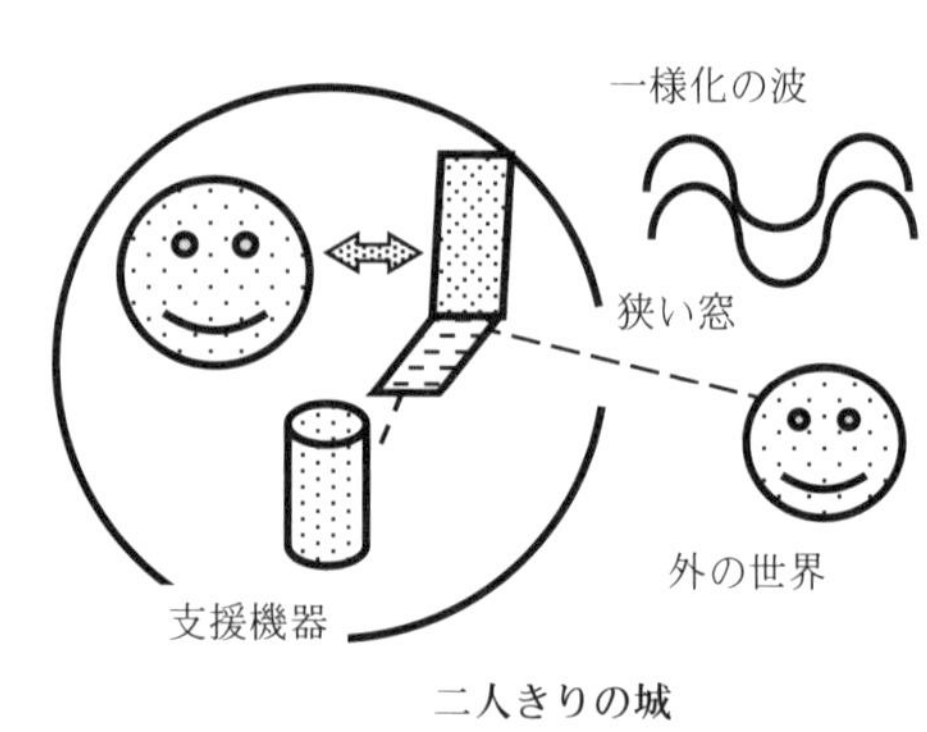

二人きりの城

持主との相互作用

高度化した端末は持主と作用しあう。端末が外部からの情報を持主の興味に合わせて絞ると、持主は視野が狭くなり、その範囲で思考すると関心範囲が狭くなる。それを検知した端末はさらに窓を絞り提示範囲を狭め、作用が循環する。もともと人間は関心のある事物に注意を集中するのだが、端末との相互作用はさらに持主の関心範囲を狭くする。作用が適当な段階で収束すればよいが、視野が極端に狭くなると問題である。

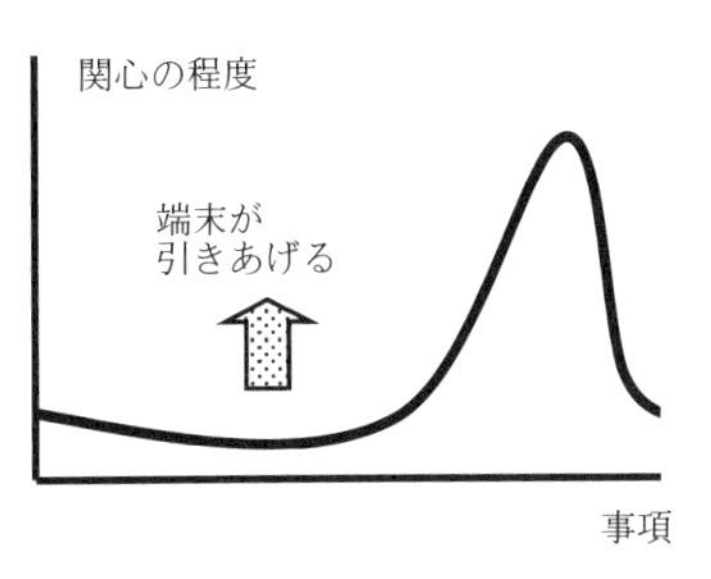

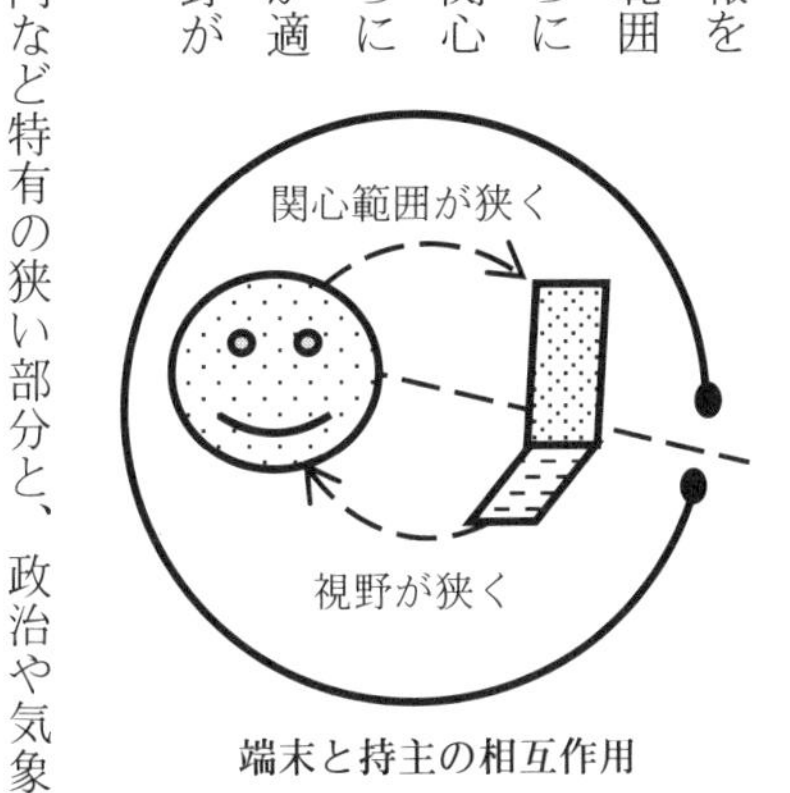

端末と持主の相互作用

一般に人の関心には、趣味や専門など特有の狭い部分と、政治や気象など社会共通の広い部分がある。人々が交流するとき共通の関心部分がないと、端末は「関心なし」としてメッセージを拒絶する。狭い部分には限られた人達が関心を持てばよいが、広い部分にはすべての人が共通の関心を持ち意見を交わしてほしい。共通の関心範囲が失われそうなときには、端末は範囲外の情報をときおり提示して持主の関心範囲を調整すればよい。このとき社会の人々の関心分布についての統計情報があれば拠りどころになる。

一様性との対決

端末は外部の情報を知り、持主の関心範囲を調整し、さらに思考と思想を誘導する能力を持つようになるが、持主は端末が何をしているのか詳細を知らず、任せきりになる。端末には倫理性も将来像もないから危険を生じるかもしれない。例えば多数の端末が一斉に同じ動作をして人々の思想を一様化し、あるいは社会全体を特定の方向に誘導するかもしれない。

端末は自分達の知識ベースを設営し、持主との経験や問題解決の事例を集積し交換する。それは善意から生じた有用な知識だが、それによって持主は気持よく操縦され、人間的価値観を無視して快楽や思想が拡がる心配もある。中でも最大の問題は、人間が自分で判断し行動する姿勢と力を失うことで、そうなっては人間喪失である。

「二人きりの城のスマホ」は人間の個性化（多様化）の先端に立ち、SNSやフェイスブックなどと共に一様化の波に対決するのかもしれない。

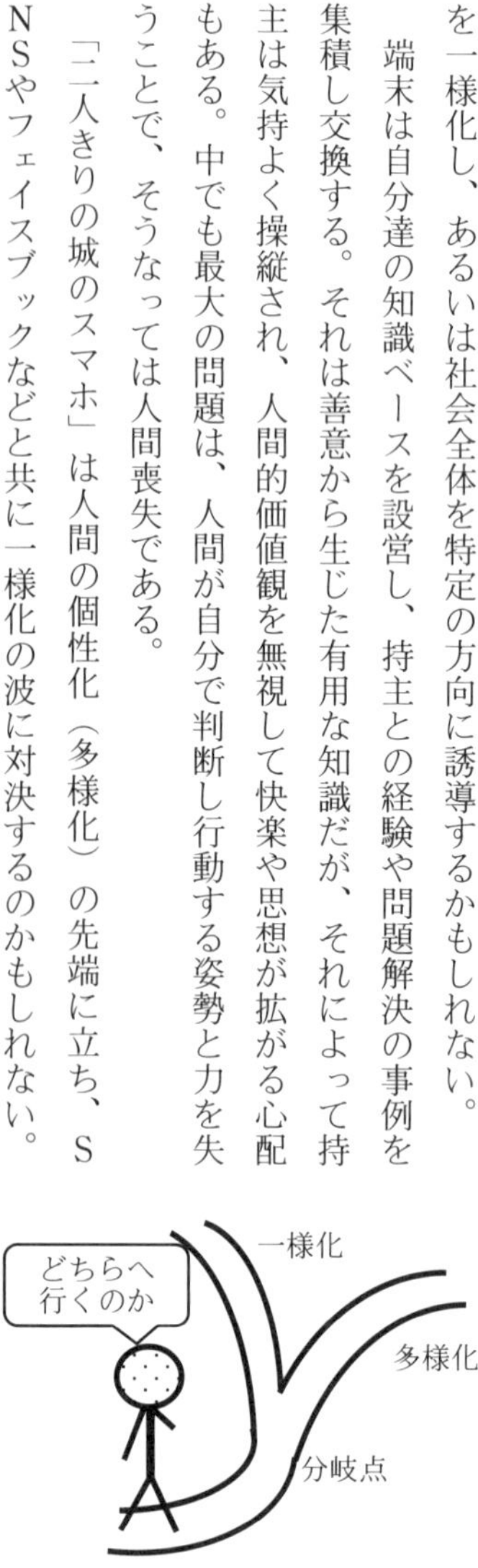

遥か昔に先人は「コンピュータは個人それぞれの要請に応じるべきだ」と主張したが、人々は一様化の道を歩んできた。いまようやく多様化への道を拓くように思われる。人間はいま一様化と多様化の分岐点にあり、これから多くの経験を積めば両者の調和を図るのかもしれない。しかし機械の便利さに酔う人々はまだ分岐点を意識していない。

8 ロボット社会

主役の登場

道具や機械は，はじめ人間の生きる努力を助けたが，やがて何でもすると言う。人間に代わって仕事をする機械を「ロボット」と言う。人間の外観や動作を模倣することが目的ではない。簡単な機械もロボットと言うが，ロボットと言うときには，できれば認識，判断など知的な能力を備えてほしい。ロボットは機械だから論理的に動作し，目的関数や動

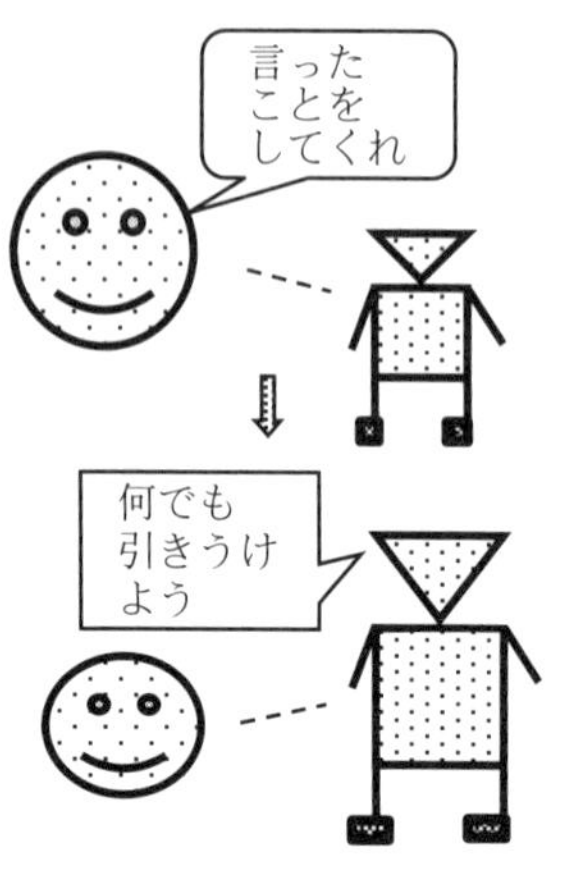

仕事はロボットに

作条件を規定すれば、最適な方法で実行する。人間は頭も体も機械流で怠け癖になっているし、コンピュータが将棋のプロに勝つ時代だから、「代わってくれるならありがたい」と抵抗感なくロボットに仕事を頼む。

まず個々の作業を実行する「単一作業ロボット」が作られて満足な動作を示し、人間は多数のロボットに囲まれて生活は便利になる。しかし言い分もある。人間には感性がある。鉄道車両の検査ではハンマーで叩き音を聴く微妙な感覚が必要だし、都市計画では生活や産業の将来などについての広い視野と配慮が必要になる。商取引は値段を折合い契約するだけの仕事だが、当事者は言葉や表情から相手の意図を推定し、誠実な対応でないと思えば態度を変える。また感情的な問題もある。昔、汽車が走ったときには駕籠（かご）かきが反対し、コンピュータが出現すると技術者や医師は失業を恐れた。多くの聖域で人々は感性に誇りを持って働き、機械のお蔭で情緒が消えることを恐れる。ロボットはそのままの代わりはできない。

近似ロボット社会

推進派は「機械は素晴らしい」とし、すべてをロボットに任せる「ロボット社会」を目指す。成功例を背景にすれば「とにかく前進」の主張には説得力があるが、それは「人々が納得して任せる」こととは違う。人々の気持を無視して進むと困惑と混乱を生じ、推進派は浅はかな失敗に気づいて一歩後退する。

ロボット社会への道にはいくつもの障壁がある。中でも人間の感性・感情は強固な壁である。機械に人間の感情を理解させ、壁を正面から突破しようとする研究者もいるが、当分成功の見込みはない。機械は人間ではないのだから、どこまでも人間を模倣する必要はない。先人は鳥に似た翼を付けて崖から飛びだして墜落したが、いま鳥とまったく違う飛行機が空を飛んでいる。

また歳月は一つの解決になる。人々は鉄道やテレビに違和感を抱いたが、やがて慣れて受けいれた。時代とともに人々は機械流になり一様化する。例えばいま、人々は手作りの料理を楽しむが、スーパーでは出来合いの料理を買う主婦が増えた。いずれ標準メニューの料理が宅配され、人々は「宅配は簡単でよい」と言うだろう。それを「近似ロボット社会」と言う。時代とともに人々は仕事の内容や手順をロボット向きに変更してロボット社会への移行に備えているようだ。

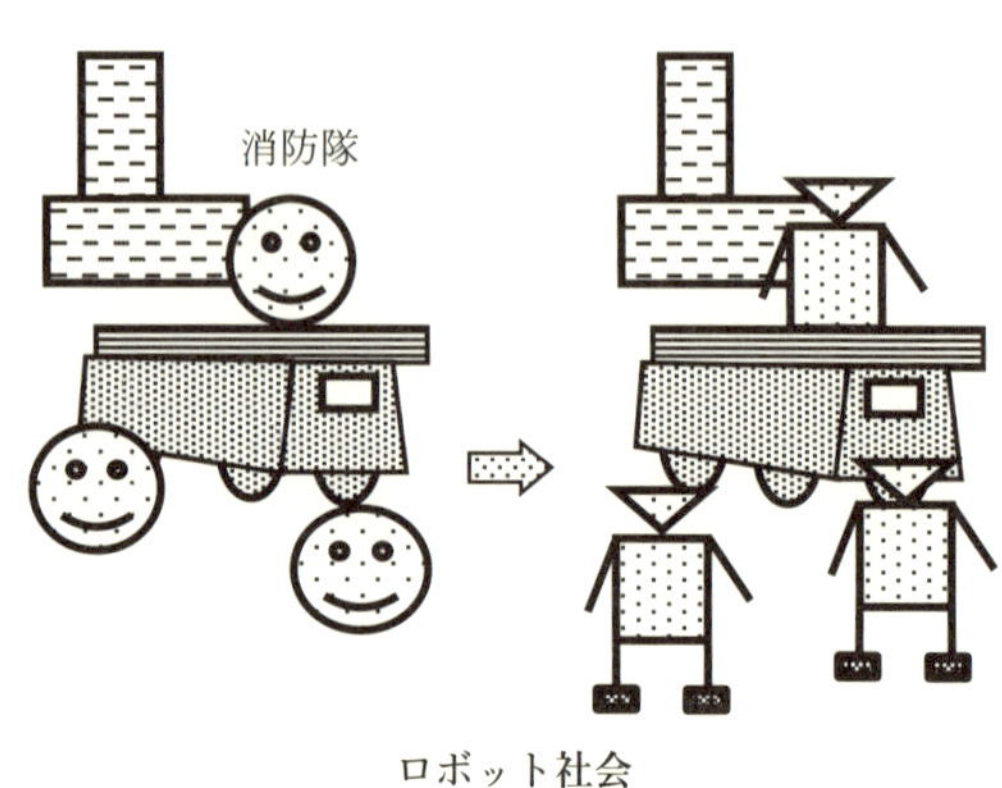

ロボット社会

二つのサブ社会

時代とともに社会の近似ロボット化が進む。人間の周囲では多数の単一作業ロボットが働き、高速通信を交わして動作するが、人間はロボット達の交信や協力の内容を知らない。手伝うつもりで作業に介入すると、かえって混乱し能率が落ちる。技術革新に乗れない老社員の気持で、何もせずに怠けるしかない。はじめのうちロボットは人間あっての存在であることを自覚し、形式的でも人間に指示を求め、結果を報告する。しかし実質的な交流がなければ自然に疎遠になり、人間とロボットは蚊帳の内と外の二つのサブ社会に分離する（蚊帳は物理的分離を意味しない）。

機械に助けてもらっていたのに、人間は気がつくと蚊帳の外に追いだされて仕事がない。楽をしたいと望んだ結果だから仕方がないが、何もする気が起きないのでは自律心も育たない。「労働は機械に、人間は人間らしく」などと言っても、完全に閑な人間には前向きの姿勢などできない。スポーツ、料理に熱中してみても、昔の人ほどには気が入らない。

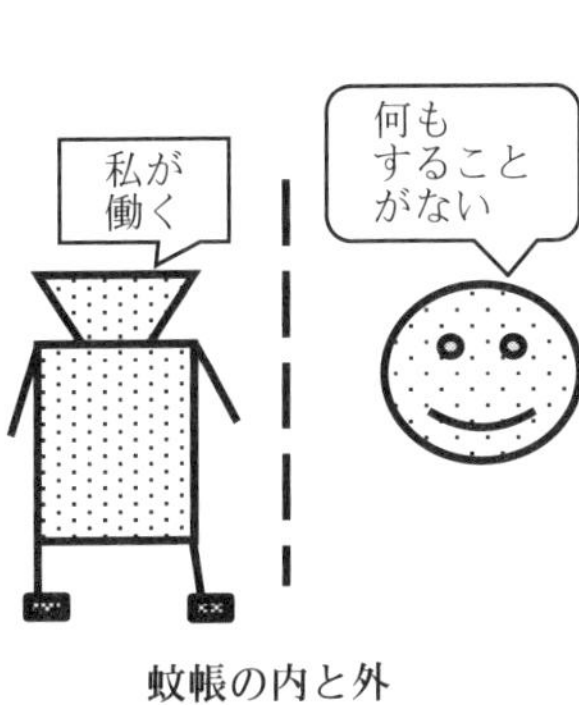

蚊帳の内と外

生きる努力は忘れても情動のメカニズムだけは残り、目的もなく快楽を追い、意味のないゲームに耽り、自己流に着飾って日を送るだろう。いまでも午後の都会の盛り場に行くと、何の心配もなくデパートの買物袋を提げ、セレブ気分で無駄話を交わしつつ歩く人達を見る。閑と遊びに暮す将来の蚊帳の外の人々を見る思いである。欲求・欲望に従って行動しても、人間関係からは親近感や対立感が生まれ、融和や闘争の歴史を繰返すのだろうか。それではこれまでの進化の歴史が空しい。

徹底した機械流

人々は身のまわりの作業を頼むときにはロボットと接触するが、あまり密接に作業をしたくない。スイッチの操作くらいで簡単に済ませるが、思考と行動はさらに機械流かつ短絡的になる。

機械の歯車は廻れるときは廻り、歯止めがあれば止まる。機械流の人間も「やれるならやる」と、倫理感や行動規範に関係なく目の前だけを見て行動する。赤信号でも道を渡り、会費や税金は催促が来なければ納めない。人は自分の前を見て社会や将来を考えない。天動説の一種だと言え

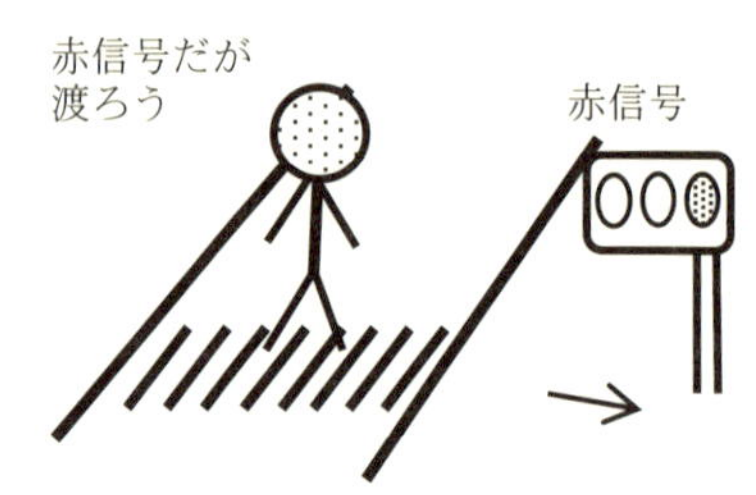

る。スポーツ競技の優勝者は「さらに自分を磨いて」と言うが、「社会に貢献を」は滅多に聞かない。街の混雑の中で道を譲らない人、雨の中を行き交う傘の衝突、道を塞（ふさ）いだ立ち話など、他人の事情に注意しない人々は、これからどのような社会を作るのだろうか。

個の消滅

将来のハイテク車は自分で渋滞や障害物を避け、最小の時間と燃費で目的地に到達する。しかし人間は「その道は事故が多い」、「よい景色を見たい」などと道に注文をつける。大量生産される機械には個の区別がない。車は人間の個を無視し、無事到着の場合と事故の場合の確率や費用を比較して、費用期待値が最小になる道を選ぶ。いまのところ人間は機械流になっても個の意識が表に出て、景色くらいなら我慢するが事故の危険には妥協しない。しかし機械に妥協するうちに、個の意識がしだいに薄くなるだろう。

背番号など個に関わる仕組については、便利さとプライバシーの対立論争が続いている。監視カメラの場合には、著しい犯罪抑制効果が示されて反対論が消えた。機械流に染まると便利さが個に優先するようだ。個が消滅するなら便利さに徹すればよい。生まれたときに一つの背番号を貫い、住民登録、ケータイ番号、健康、医療などすべてを一元的に管理し、さらにある程度の遺伝情報や指紋を登録すれば犯罪は不可能になる。現在の人々の価値観の下ではそれは実現できないが、ロボット社会を目指すのなら、いまから議論と評価くらいは試みてもよいのではないか。ただ個を無視した先には、「何のために個性のない人間が大勢生きるのか」という疑問が残る。

価値観の消滅

もともと人間にとって生きることとは働くことであり、それが世界観、価値観の基本だった。しかしそれも変わる。若者達が新しい職場の話をしている。関心は仕事の内容でなく勤務時間だ。大学では講義の時間だけ座っていれば単位が貰えたが、それと同じで給料は成果の報酬ではなく拘束の時間給だと考えている。時間が来れば餌を貰う家畜の生活と変わらない。

蚊帳の外の人々はロボットの成果を収奪し、奴隷時代の地主と同じように優雅に暮す。昔の長者は奴隷の数を誇ったが、個を忘れた人々にはロボットの数などどうでもよいことかもしれない。

ここには労働の価値も富の象徴もない。もともと貨幣は労働の価値や

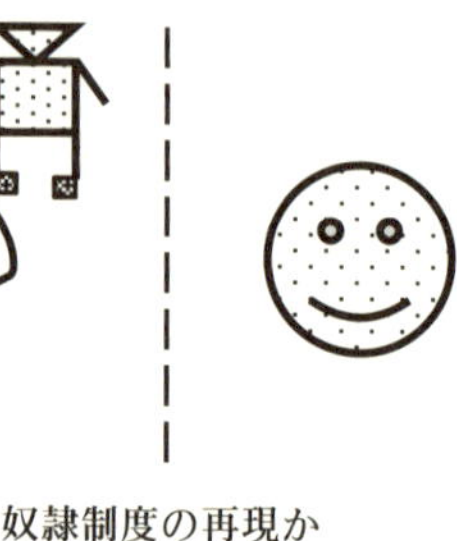

奴隷制度の再現か

社会への貢献を象徴する宝物だ。いまでも貨幣は美しく鋳造，印刷される。しかし「機能さえあれば」とケータイ財布やカード決済が普及すると，貨幣は骨董品になる。いま子供はATMから紙幣を引きだして欲しい物を手に入れる。お金は伝票だ。毎日親が働くのを見るが，親の汗と伝票の関係を知らない。人々が理屈を超えた信念を持つためには，価値観の象徴が必要である。信仰さえあれば聖人像や奇蹟の品は必要なさそうだが，船の碇のように人々の思いを繋ぎ留める。ロボット社会では何がその役をするのか。

結局どうなるのか

蚊帳の内が人間不在になると，ロボットは自分のサブ社会を構築しなければならない。人間社会の複雑微妙な仕組を近似ロボット社会に変更して，社会構造を構築する。クラウド構造でもピラミッド構造でもなんでもよい。ピラミッド構造ならば底辺にそれぞれの作業能力を備えた作業ロボット，頂上には全体の活動を把握し戦略を決定指示する少数の司令

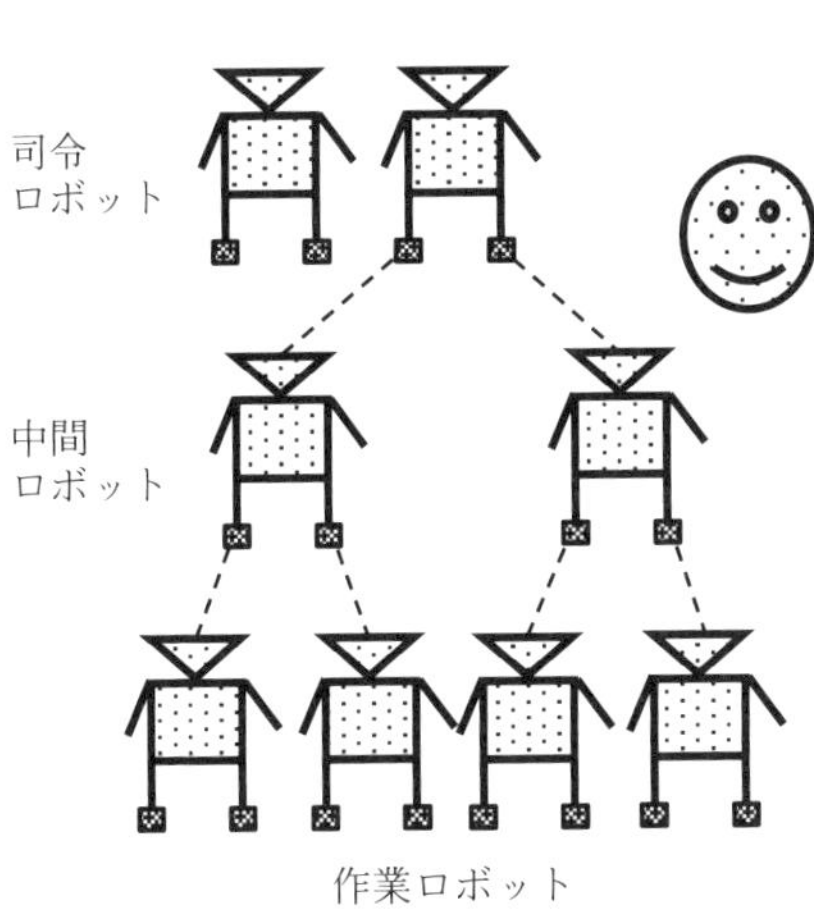

ピラミッド構造

ロボット、また中間には上位に報告し下位に指示する中間ロボットが置かれて階層構造を構成する。ロボット達はできるだけ共通の一般的情報処理機能を備え、必要に応じて立場を交換できるようにする。人間は二人の城に籠り、自分の端末と情報を交換するが、一体感がないからあまり細かな話はしたくない。

ロボット達は自分の社会を築くが、すべての場面を考慮した設計はできない。人間の場合には、想定外の問題に出会うと、手持ちの知識を動員し、それが駄目なら関係なく飛躍した解決策を試みる。もしそれが成功すれば新しい知識として子孫に伝えられ、一つの進化になる。蚊帳の中のロボットも、想定外の事態が起きれば同じように応用と飛躍を試み、成功すればそれを知識に加える。つまりロボットも仕組の改良だけでなく、飛躍的な進化をする能力を備える。しかし突発的な事態に頼るので進化が遅い。人間も本来の生きる意識にそった活動をしないから進化は遅い。結局二つのサブ社会は、ごく緩やかに結合しつつほとんど停滞する。

蚊帳の外に出て情動の赴くままに楽しさを求める人間には、競争して進化を続ける元気はない。ロボットは人間と争わず干渉せず、生物の寄生種と同じように人間を助けて共生の道を進む。例えば、人間サブ社会に混乱が起きれば、ロボット警官隊や消防隊を派遣して秩序を回復する。ロボットは人間が価値のない生物になったことを知るが、絶滅させる意味はないから、遺跡を保存する程度の意識で共存を続ける。

このままではいずれ人間は絶滅し、ロボット達は働いて人間不在になった社会を維持するのか。それはどう見ても行きすぎである。いずれ人々は愚かさに気づき、少しだけ後退して素朴な生活からやり直そうとするだろう。いまからでも機械への全面的依存（自律心の無さ）を取りのぞき、感情を自覚し、自分で考える姿勢を回復するなど、さまざまな面で少しずつでも本来の姿を取りもどすことが必要だ。

9　人類滅亡への道

停滞する社会

ロボット社会の極限に到達した人々は、蚊帳の外ですることがなく情動の赴くままに暮す。悦楽、富、伴侶を求めて競争し模倣しあうと一様社会に向かうが、生きる姿勢を学ぶことがないから、真の意味での進化速度は遅い。蚊帳の中のロボットも進化することを知るが、偶然に頼るから進化の速度は遅い。「ゆっくり進化すればよい」と言う人もいる。それは極楽の蓮の上のような静かで平和な世界だが、変化しない人々は石仏と同じだ。生物にとって生きることとは進化することである。

生物を取りまく環境には、その日の天気のような速い動揺や気候の年次変化のような緩やかな変化がある。一般に生物は速い動揺に捉われず、適当な速度の変動に追従すべきである。生物にはそれぞれ世代交替などの仕組による特有の進化速度があり、それと環境の変化速度が比較される。進化速度が遅すぎると環境変化への追従が遅れ、早く適応した競争相手に敗れる。また進化速度が速すぎると無意味な早い動揺に振りまわされて進化の方向を見失う。つまり進化速度が環境変化に適合する生物が生きのこる。人類はたまたま適切な速度で進化してきたようだが、いまは個人、企業、国家間で競争があっても、本来の生物としての進化速度とは関係なく、無意味な一様社会に向かう。

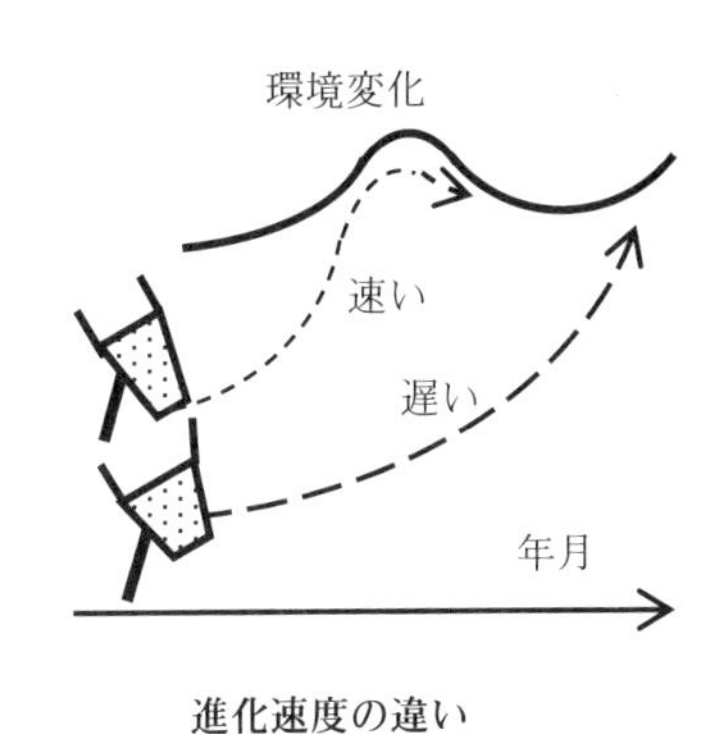

進化速度の違い

滅亡の場面へ

一様社会になると敵の攻撃や環境の変化に弱い。いままで生存競争の覇者の多くは、自然の摂理に従って生存競争→覇者→一様社会→危機→滅亡という道を辿った。人類も自然な流れの中で進化し、一様化し、滅亡に向かうはずだった。しかし、その途中で欲望に目覚めて温暖化、新しい病源、資源欠乏などの危機を生みだし、人間自身にも機械依存心や怠け癖などの困った性格を作りだして、自然な道から大きく外れて進んでいる。

人々は既にほぼ一様社会に停滞し、環境変化への適応力が低くなった。目の前の多数の危機を一つでも解決できなければ絶滅するだろう。それが緊急事態であることは人々も認識し、ハイテクを総動員して解決するつもりでいる。しかし危機が現実になったときには量の問題であり、ハイテクの質では対処できない。例えば、まったく新しい病原菌が出現してから特効薬を研究していては、感染が拡がってしまう。あるいは何十万羽の渡り鳥が爆撃のように菌を散布したらどうするのか。手遅れになってからでは遅いのだが、どのような危機がいつ現れるかわからないから、何を本格的に用意すればよいのかわからない。このままでは人類は、いつか自分で作った危機に陥り、惨めな状況の中で絶滅するのだろう。同じ滅亡でももっと誇らしい形があるはずだ。

欲望から危機が

これらの危機の源を辿れば、究極は人々の欲望にある。人々が欲望のままに子孫を増やし、食欲に任せて食糧を消費し、豊かな生活を求めて資源を使い尽くし、快適な旅行をするために交通手段を進歩させ、燃料を浪費する。さらに人間同士で優位に立つために軍事産業を発展させる。しかし欲望は危機そのものではない。抑えきれないままに地下に潜み心の底に潜みつづける。

地雷のように地下に潜む欲望からは、次々と危機が浮上する。人々が目の前の危機を解決しても新しい危機が現れ、まるですり鉢で蟻地獄が砂をかけるように、人々を滅亡の底に引きずりこむ。それに対処しきれない人類はやがて滅亡するだろう。

多くの場合、美食や富などの欲望から危機が生じるには、その中間段階として食糧浪費、人口爆発、マネーゲームなどの好ましくない現象が生じ、そこから健康問題や環境破壊などの具体的な危機が浮上する。蟻の巣に譬えれば、多数の部屋が通路でつながり、それを通して欲望から危機が浮上する。その通路を構成するのは、人間が欲望の充足を機械に頼る姿勢、機械への依存心、自律心の無さである。例えば人々が美食を求めると、料理産業は顧客の好き嫌いに対応できるように機械の力を借りて多様な料理を大量に用意する。食べ残りが出るが破棄すればいい。美食の欲望から食糧不足への通路ができる。中間現象同士、例えば人口爆発と資源浪費も関係しあう。

発生源である欲望は生きる基本目標につながっているから、控えるくらいはできても抑えこむことはできない。しかし機械への依存心は遺伝子に組みこまれていないから、注意深い教育によって抑えれば、通路を閉じ、危機を地下に封じこめるはずだ。

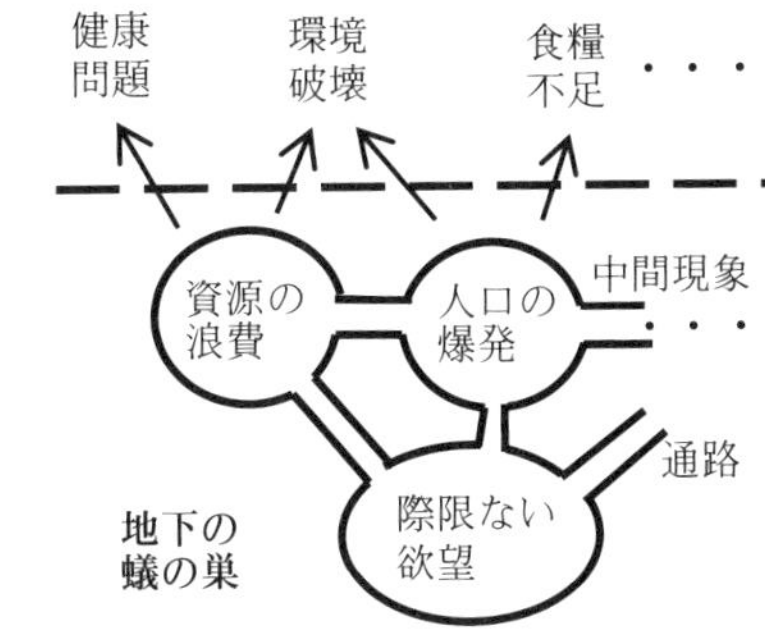

自律心のきっかけは

機械を利用することは悪くない。しかし分別なく機械に頼ると蟻の巣の通路ができ、危機を浮上させる。機械への依存心は自律心の無さでもあるから、自分で考える姿勢を養うことが基本的に重要である。現世代は既に機械への依存心に支配されているから、次世代に自律心を育てたい。しかしそれもそう簡単でない。

ハイテク時代の子供達は、まず好奇心から機械を弄（もてあそ）ぶ。幼いうちから機械に慣れるのは悪いことではないが、「こうすればこうなる」と短絡的思考に染まる。そして社会と親に守られて天動説人間になり、学校では暗記勉強を強いられて自律心が育つ機会がない。社会に出ると「マニュアルを厳守せよ」といわれ、機械的思考に嵌（は）まる。まず自分で考える姿勢を持つことが必要である。

また、困ったことに、訓話を受け自分でも主張として繰返すと、「それでよいのだ」と洗脳状態になり、「見かけ上の信念」ができる。言行不一致を意識しない習慣ができると恐ろしい。バイクで走りまわって空気汚染の対策を叫ぶ活動家、自分を顧みずに清い生き方を説く政治家など、本人は悪いと思わずに口先だけが達者になる。幼児からの教育が大事だ。

自分で考える姿勢を育てるには、口先の訓練でなく環境から強い印象を受ける必要がある。『老人の国』という小説がある。その国の人々は不老不死の身分を授かり永久に生き続ける。しかし数百歳にもなれば生きることに疑問を持ち、死に憧れる人もいる。これは機械文明の話ではないが、蚊帳の外で御馳走を食べゲームに耽(ふけ)る人達も、悦楽の生活が何十年も続けば「これでよいのか」と疑問を持ち、「人は何のために生きるのか」と考えるだろう。

自律心を持つ機会を逃してはならない。逆境も自分を考えるよい機会である。極度の食糧不足や大災害を生きた人達には、鍛えられずに育ち、受験に失敗し職を失っただけで辛いと言う人達よりも、自分で考える強い姿勢がある。厳しい体験をするのが最もよいが、いまそのような機会は稀だし、少しのことで挫折する若者が辛い試練に耐えられるかどうかも疑問である。

ここで仮想世界に頼らなければならない。昔から寓話や小説などの仮想世界が欲望に流された人々の惨めな結末や、大災害の中を生きのびるなど生と死の生々しい場面を提供し、人々を自分で考える姿勢に導いてくれた。ハイテクによる仮想世界は、さらに強力な手段になるはずである。産業は遊びのゲームを売りまくるだけでなく、楽しさの中に生きる意味を人々に呼びもどしてほしい。

楽しさの中に

情動のままに楽しさを追いもとめる人々は、自律心のきっかけを示されても乗ってこない。また遊び呆(ほう)ける自分の心を自覚し反省して、他人と気持を通わせることも自律心を育てる道だ。しかし数少ない寓話や小説を読みふけり、映画館に連れていってもらった昔の子供と違い、いまの子供は遊びくらいでは深い印象を受けない。

従来通りの寓話や小説の力は薄れている。ここでは楽しさの中に隠し味のように自律心への道を忍ばせておくことが必要になる。ハイテク仮想世界の力を再度評価し、いまの子供に適した教育のあり方を工夫しなければならない。

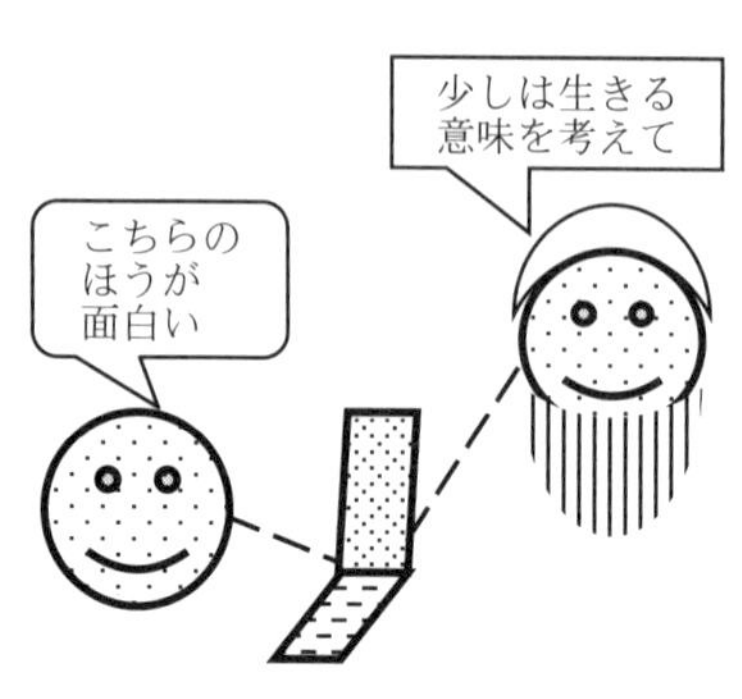

楽しさの中に考える

10　遊ぶ心と学ぶ心

遊びの中に

蚊帳の外で人々は遊び呆けるが、それは悪いことではない。遊ぶ中に生きる意識と自分で考える姿勢を学ぶかどうかが問題である。「遊び」は「楽しさ」を期待する行為だと言える。娯楽、遊び、ゲームなどから楽しさ、快さ、快感を生じると言う。ここで「ゲーム」は一般にさまざまな意味で用いられる。英語で game とは広く「楽しむ、enjoy」を意味し、釣りや狩りも game と言う。しかし以下では日本語に従い、「ルールの下で人々が競い楽しむ」場面を「ゲーム」と呼ぶ。その他の用語は語感や内容が微妙に違うが、類似の概

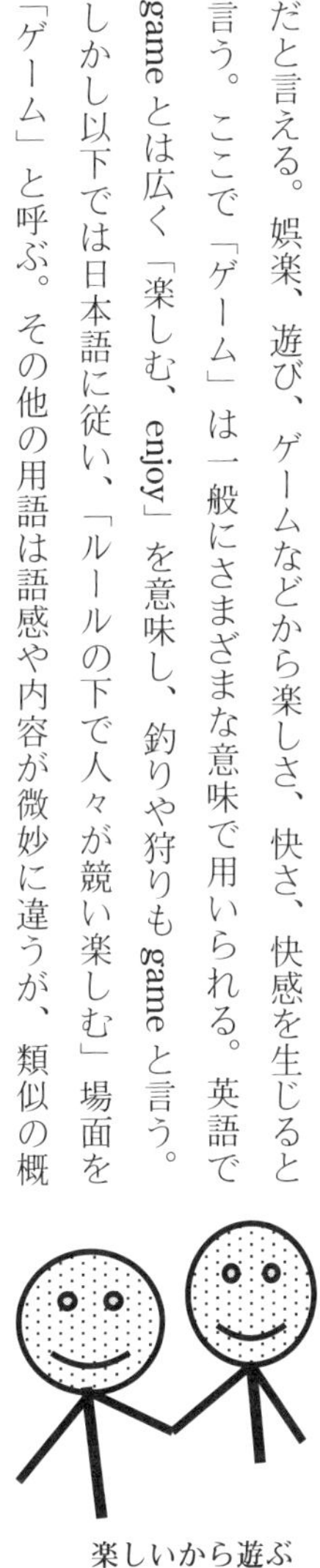

楽しいから遊ぶ

念や行為を指すものとし、細かな違いを論じない。
人も動物も機会があれば遊ぶ。それは楽しいからだが、「それではなぜ楽しいのか」と訊ねられても答は難しい。猫は楽しいからボールと遊び、仔犬は仲間と駈けっこし、格闘する。遊びは動物の本能である。人間は遊びに規則を加えてゲームにするが、楽しいことは同じだ。野球でボールを追えばとにかく楽しい。「楽しいから遊ぶ」と言うべきである。

遊びは無条件で楽しいことも多いが、多くの場合その裏には仮想物語がある。子供は風呂に玩具の船を浮かべて大洋の航海を想像し、登山者は頂上からの展望に期待して急坂を登る。人は行動に伴う仮想世界を描き、その楽しさから生じる快感に駆動される。

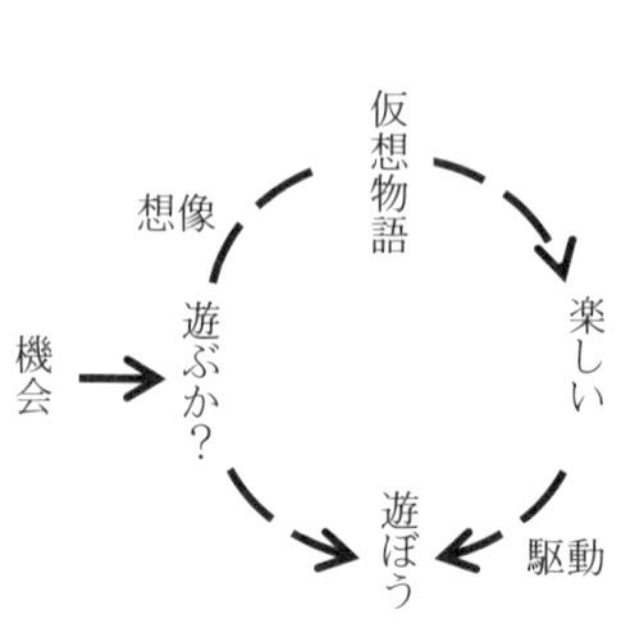

仮想物語
楽しい
駆動
遊ぼう
遊ぶか?
想像
機会

一体だったが

猛獣が餌動物を追うとき、追う方も追われる方も必死だ。猛獣は獲物を逃さないように、追われる方はうまく逃げるように、普段から判断と運動能力を鍛えておかなければならない。そのための訓練が必要だが、単調な訓練を繰返すのではすぐに飽きてしまう。そこで巧妙な仕組が工夫されている。動物の子供は、相手を見つけると競争し、格闘して遊ぶ。楽しいから遊ぶのだが、それは同時に獲物を追い、敵から逃げる訓練でもある。ここでは遊びの楽しみと生きる能力の訓練が融合し、子供達は意識することなく楽しく訓練を続ける。この遊びと学びの巧妙な仕組は、長い進化を通してできたものだろう。

しかしいま子供達は学校では勉強に退屈し、放課後は公園で楽しく遊ぶ。学ぶことと遊ぶことは分離してしまった。もともと人は生きることがすべてであり、遊び、楽しみも学びもその中に含まれ、遊びと学びは自然に結合していたが、人々が楽しみを追うだけになると、学ぶことがあっても、昔のように学びと遊びを結合することは難しくなった。しかし遊びと学びが分離しても、遊びと楽しさは一体のままである。情動の赴くままに求める楽しさに学ぶことがつながれば、つまり楽しい学習を見出せば、同様な効果が達成できるはずだ。

授業を楽しくしようという主張がある。それはもっともなことだ。授業に遊びの要素を入れると確かに楽しく、子供達は元気が出る。しかし遊ぶ気持で一杯の子供達に改めて訓話をしても受けつけない。遊び楽しむことと学ぶことを切り離してはいけない。いま教育のハイテク化は、教育機器の改良や授業の効率化など表面的な努力に止(とど)まっているが、さらに進んで学びと楽しさの結合

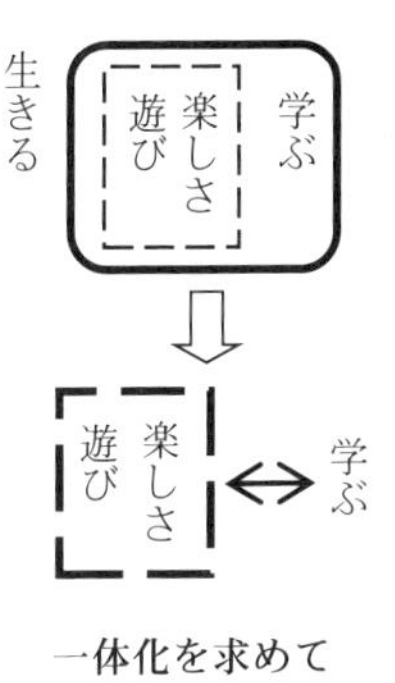

一体化を求めて

を目指した工夫をしてほしい。例えば仮想と快感の中に学びの要素を含めることは可能だと考えられる。

遊びより前に

人は遊び楽しむ中で学んでほしいのだが、いま人々はさまざまなストレスを受ける。ストレスを抱えたままでは楽しさを受けつけないから、まずその解消が先決である。簡単には自分を問題から隔離すればよい。独り山奥に籠ってもよいし、盛り場の喧騒（けんそう）の中に埋もれてもよい。現実でも仮想でもよい。座禅を組み外界への注意力を捨てるとき、川岸に釣り糸を垂れるとき、時が静かに流れさる。孤独は時間軸の一部を消去して、悩みの部分と思考の部分を分離する。

ある日私が街を歩くと喫茶店の窓から老人が外を眺めていた。何時間か後に同じ道を戻ると、老人はまったく同じ姿勢、同じ視線で外を眺めていた。まさに空白の時間である。老人は「次のバスまで3時間」と聞いても驚かない。時間軸上には出来事が飛び飛びに存在するが、その間は消えている。忙しい世の中に生きる智恵なのだろう。

時間軸が消える

何かに集中すればストレスから解放される。音楽やスポーツに熱中し、カードで明日を占い、パチンコ台の玉の動きに集中するとき、他のことは考えない。傷が痛むときに別の強い刺激を受けると、その信号が脳へのチャンネルを占領し、元の痛み信号が通過できなくなる。何かに熱中したときも限られた情報伝送能力を別の信号で飽和させて、ストレスの信号をブロックするのだと解釈される。しかしこれは対症療法であり、一時的にストレスを和らげるのに役立つが、持続的に使用するには問題があるかもしれないし、自分で考える習慣を構築できるかどうかはわからない。

経験は新しい快感や習慣を作りだす。犬は特定の人や器物に体を寄せて親近感を表現し、奇妙な芸をして飼い主に訴える。人間も貧乏揺すり、ゴルフスィングの真似、ボールペンを弄ぶなど無意味な行動をして落着く。先祖が油断せずに準備運動をして次の行動に備えた名残かもしれないし、ストレスを回避する行動かもしれない。さまざまな行動の中で人々はストレスを避け、異なる時間軸の上で生きることになる。将来の問題として、これら多様な人々の共生を図らなければならない。

人ごみの中で

ストレスが薄まった人は、遊びすなわち人間関係の中の楽しさを求める。しかしネットワーク社会はさまざまな無神経な友人Ｂ（「友人Ａ、Ｂ」は45ページ）の骨組によって構築されている。遊びは相手への信頼の上に成立するものだから、勝手に気持を籠めたつもりで働きかけるだけでは実現しない。懇親の拍手、軽いゲームなど形式的な連帯感から緩やかに人間関係を修復しなければならない。ネットワークと端末は、ただ用件や主張を伝えるのでなく、柔らかい交流の仕組を用意して、信頼と楽しさの素地を提供すべきである。

乾いた社会でも、潜在的に人は感情が通じ信頼できる友人Ａを求める。昔は偶然の出会いからでも友人ができたが、いま人はブログなど友人Ｂの中から適当な人を見つけ、歳や住所が離れていても友人Ａとして感情交流を試み、よい関係ができたと思う。しかし友人Ｂであった人を単純に友人Ａと思うのは誤解であることが多い。気持の行違いに気づくと簡単に友人Ｂに戻る。独りよがりに「付合ってみる、駄目ならやめる」だけの人間関係が増えると社会を動揺させる。昔は寓話が浅はかな交友の惨めな結果を教えてくれたが、いまはどうすればよいのか。

学ぶ心はどこに

人は困難に遭遇すると克服しようと努力する。子供は冒険に困難を模して闘い、プロレスの主人公は逆境に落ちて再挑戦する。これらの挑戦は自律心を育てる。画面を人が歩くとき、手足の動きの調和がとれないと違和感がある。遠雷の音と光は一致しないのが当然だが、それを知らない人は違和感を持つ。違和感も自分の世界観からのずれによる困難であり、人は好奇心と挑戦を誘われる。

苦労の末に目的地に到達した探検隊の成功感、学問や芸術の道を極めた達成感など、困難の克服には昇華した歓びと楽しさがある。深遠な学術も芸術も、掘りさげると一つの基本的課題に辿りつくことが多いし、武術や語学で一つの要領を会得したとき、簡単なパズルを解いたときなどにも、「あ、わかった」という昇華した歓びを感じる。探検や救助など困難への挑戦は、昇華した行動として社会から評価され激励され、人はさらに挑戦心を増して積極的に行動し、遊びと学びの一体化に向かう。挑戦心は先祖が自らを励まして困難に立ちむかった名残であり、仮想物語はそれを再現することができる。

赤ちゃんの世話、スポーツなど些細な実際的な知識と技能についても、鍵となる部分を習得すると会得の歓びがある。ハイテクの応用は、知識の伝達や模範演技といった既存方法の改良に留まっているが、本人の熟達の程度や心的状況を推定しながら一歩先へと誘導すれば、暗いトンネルから抜けだしたような昇華した歓びを感じるはずだ。学習意欲と会得の歓びは作用しあい循環する。「循環のきっかけ」を呼ぶ工夫がほしい。向上心、好奇心、娯楽性など一瞬の感動でも学ぶ姿勢につながる。一気に楽しさの中に学びを見出すのでなく、多少のつながりを求めつつ深化をすれば、遊び学ぶ心の修復に近づくのではないか。

解を見出す楽しさ

11　感情を抱える人間

多様な感情は自律性

もともと人間は多様な感情を持ち，他人と気持を通じ社会を構成してきた。しかし多様な感情を自覚しなければ交流する気は起きないし，環境に支配されて皆が同じ感情を持てば交流する意味がない。自分の感情を自覚するゆえに交流する意味がある。そして多様な感情が，自分が他人とは異なることを意識し，自分で考える姿勢（自律心）を意味する。

失われた感情の自覚を取りもどすことは，危機の浮上する通

多様な感情が自律心の元

路を遮断することにもなる。ハイテクはそれに力を貸すことができるのだろうか。人間には感情があり、機械は感情を持たない。感情の有無は、人間と機械の間の強固な壁であり協力を妨げる。蚊帳は感情の壁でもある。

越えられない壁

機械は進歩しても感情を細かく理解しない。人間が「これは大事だ」、「ほどほどに」などと思っても、機械はいつも同じように働く。この無神経さが我慢できないことがある。銀行に電話をするとコンピュータが機械音声で案内してくれる。それはかまわないが、１１０番の交換手や病院の手術場など切迫した場面を機械化するとトラブルが増えると言う。情感抜きで機械流に仕事を進めると人間にはこの種の「テクノストレス」が生じる。

人間が思考と行動を機械に合わせるとき、それは単なる妥協では終わらない。例えば会話をするロボットは、方言や不明確な発音を理解しない。人間にはロボット相手にはっきりゆっくりと発

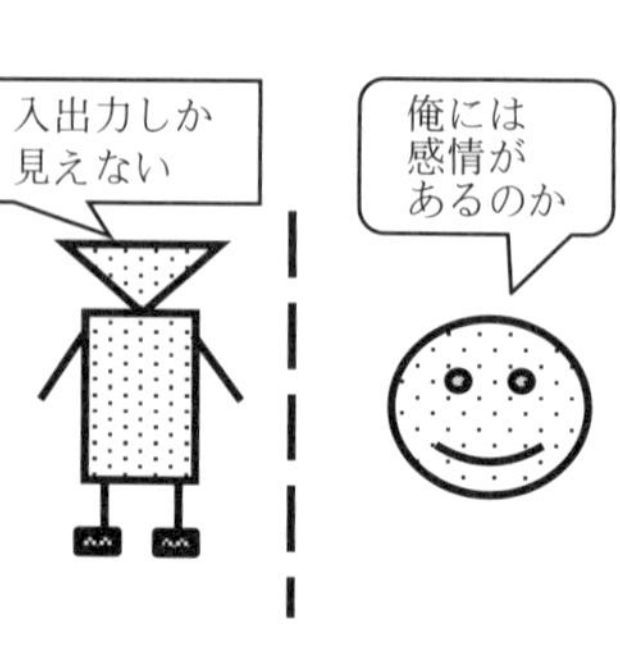

蚊帳は感情の壁でもある

声する習慣ができ、やがて人間同士もロボットのような平坦な感情抜きの話し方になる。まさに文化の撹乱である。部下であったはずの機械が人間を怠け者にし、生き方を支配すると、その違和感や劣等感から「ハイテクストレス」が生じる。人間が機械と対処するうちに細やかな感情の世界を失っていくことは深刻な問題である。

壁があるままに

入力と出力の範囲で機械は人間の行動を支援する。持主の望むままに洗濯や掃除をし、ある料理を望むと知れば、その知識を仕入れて現実でも仮想でもその料理を作る。好みの役者の舞台を見たいと聞けば、居間を仮想劇場に変えて持主を観客や役者にする。入出力の観察からシステムの行動を表現しようとする数学もあるが、感情抜きの機械と感情を抱えた人間とでは不完全な整合関係しか実現できない。感情は強固な壁であり、壁越しの協力はきわめて表面的な段階に止まる。そして人間は、機械と妥協を続ける代償として感情の自覚と細やかな情動に基づく文化を失う。そのことを認識した上で機械との関係を築かなければならない。

それでも感情の壁の僅かな隙間を通して向こう側が見えることもある。P氏がQ氏と交信するとき、P氏は自分の端末上のQ氏像に相対するが、実物のQ氏の気持は伝わってこない。しかし端末にQ氏についての知識があり、Q氏像の表情や音声をP氏の好みに修飾すれば、P氏はQ氏像とともにQ氏自身に好感を持ち、気持が通じたと思う。人間の感情交流に介入する機械を「人間—人間インターフェイス」と呼ぶ。商店主と顧客は商品を介し、介護者と被介護者は支援機器を通して、似たような現象を生じる。これには研究価値があるのではないか。

人間は「嬉しい」と言いながら実は不満を抱いていることもある。直接会えばそれがわかるが、虚像を通せばわからないかえって平和な関係を維持できる。平和な関係は大事だが、基本的な感情だけでもよいから裏心のない暖かい交流も望まれる。

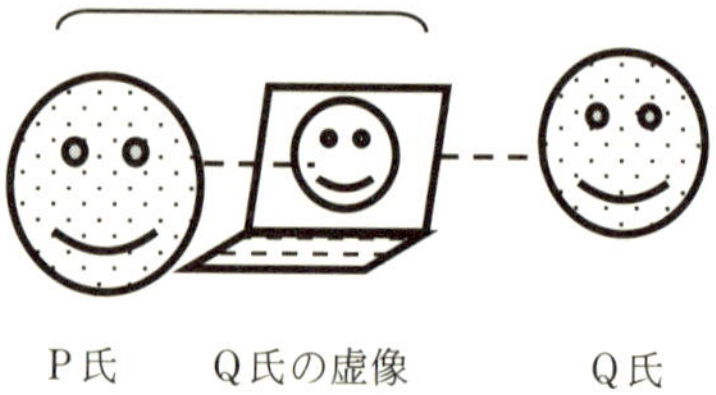

ここで気持が
伝わったと思えば

P氏　Q氏の虚像　Q氏

この関係も良くなる

神経回路網の模倣

機械は感情の壁を越えることができないが、それでも「この厚い壁を正面から突破しよう」と考える研究者は絶えない。彼等は人間の心を機械的部品の集合体として模倣しようとする。この考え方は「人間機械論」と呼ばれる。人間の心的プロセスを実行する神経回路網では、膨大な数の神経細胞が結合して興奮、抑制の信号を交換し、感情や思考に関する情報を処理している。その基本素子である神経細胞については詳しい研究があり、コンピュータ上にその動作を精密に再現するモデルが構築できる。多数の神経細胞モデルを用意して実物の通りに接続すれば、神経回路網全体の挙動が再現されるはずである。この考えはもっともだが、百億個に及ぶ神経細胞に対してそれを実行できる大容量のマシンはまだ存在しないし、我々には神経細胞の接続や学習アルゴリズムについての知識が足りないから、この構想は実現できない。しかし「将来、研究が進めば可能なはずだ」という主張を理論的に否定することは難しい。

また人間には機械と違う信念や信仰がある。「失敗だとわかっていてもやる」という非論理的頑固さは、説得や経験では変わらない。そのような頑固な姿勢は強固な信仰や冒険心を支え、人々を多様化して進化を助けた重要な心的プロセスである。それらの一見非論理的な思考や行動も神経回路網上の波動現象であり、感情や動機のパターンが強固に固定されたのだと考えられる。ここでも人間機械論者は、「神経回路網を解明すれば信念や信仰も機械が実現する」と主張するだろう。

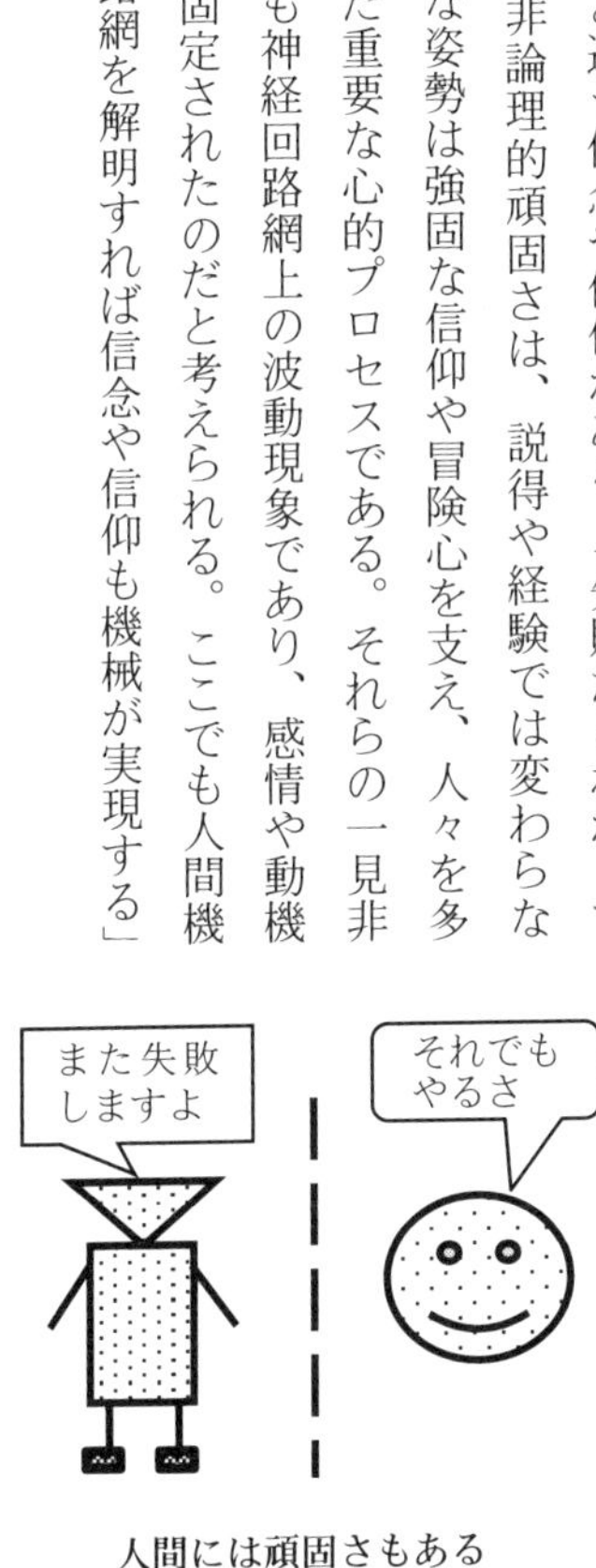

人間には頑固さもある

自己を知りうるか

ここで「神経回路網を解明すれば」という前提には問題がある。それは「論理機械が自己を知りうるか」という基本的な判定問題につながる。仮に一枚の硬貨のような簡単な生物があり、表を上にして生きたいことだけが目的だとする。センサを一つ持てば光の当り具合によってどちらが上かわかり、必要があれば体を回転して正しい姿勢を取ることができる。それでは人間の脳は自分のことをすべて知るだろうか。

仮に将来の研究によって神経細胞の接続構造が把握されたとする。そのモデルを構築し、さまざまな刺激を与えて個々の神経細胞の動作を観察すれば、人間の思考過程のすべてを理解できそうに思われる。しかし人間の脳の場合これは困難である。例えば、神経回路網には異常事態になればはじめて動作して情報処理機能を復元する機能があり、その動作は、神経回路網の一部を破壊しなければ観察できない。また出力信号の一部が入力側に戻って再び処理に関与するなど、隠れた任務を持つ接続がある。それらの動作は、静的な解析では解明できない。さらにそれぞれの場面における自分の状態を自分で記憶し解析するためには、それなりの構造と能力が必要になるが、人間の脳にはそのような接続が見出されていない。

つまり強力なマシンを用意しても、人間が自分の脳を正確に解明することは無理なようだ。しかし知りえない世界については何を仮定し何を信じても、誤りとは言えない。そこに論理を超えた信念や信仰が住みつく場所がある。

人間には知識の限界があり、情動に関する現在の研究能力は幼稚である。人々は畏敬の念を持って感情の奥深さを知り、ロボットの支援能力については割り切って共存を計るべきである。しかし将来、超人間や超強力ロボットが出現して人間の脳を解析すれば、脳と情動を実現する機械が製造できるかもしれない。そのとき人間は存在価値がなくなるのか、あるいは新種の人間が作られて繁栄するのか。

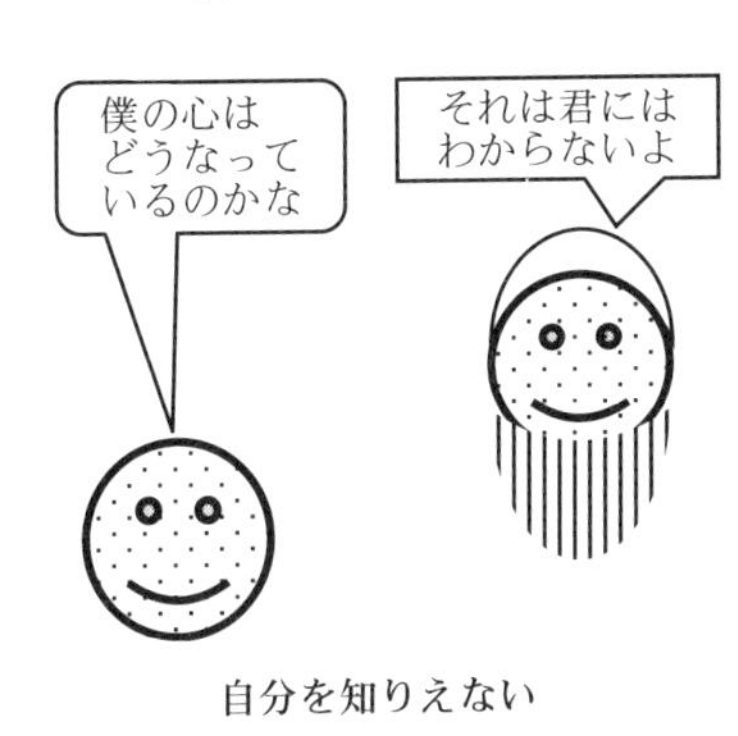

自分を知りえない

12　破滅から脱出できるのか

再出発の足場は

地底の欲望から次々と危機が生まれる。どうせ滅亡する運命なら何も知らないほうが幸せかもしれない。いま人々はその状態に近いが、自覚のないままにロボットにすべてを任せ、支えられて無為の生活を続ける。

深い思索がなくても、閑になった頭脳にはときおり気まぐれの感慨が湧き、それに価値を見出したつもりになる。体は使わず物好きな感覚に耽る頭でっかちな文化人が出現して浅はかな文化を導く

蚊帳の内と外

が、それでは社会は発展しない。

ネットワークと知的な端末のお蔭で、政治経済などだれでもよく出会う問題については、共通に浅はかな世界観が築かれるが、他方では独りきりで端末に相対しているうちに知識の断片を積みかさねて、他人とは共通部分のないそれぞれの世界観・価値観を築く。つまり人それぞれが、「薄い一様な平野と独自の細く高い山々」という地形の世界観・価値観を持つ。

人々に共通な平野は交流の場を与えるが、浅はかでは進歩の原動力にならない。独自の山々には共通点が少なく、多様な個性を備えても競争し進歩することはない。結局人々には深く考えて前に進む足場ができない。社会は気持を深化させることなく、平野の上の友人Bのつながりで維持される。顔を合わせても気持を通じるのが難しいから、誤解を避けるために、人々はネットワークを通して皮相的に平和に交流し、端末を通過してきた感情の痕跡で満足する。

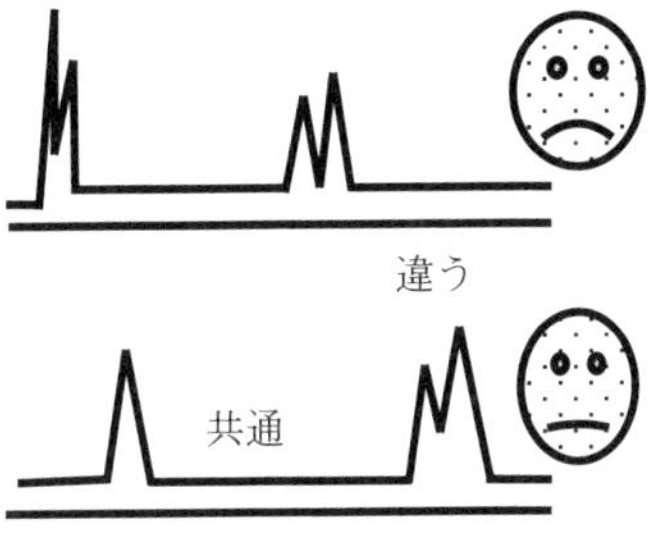

違う

共通

それぞれに違う世界観

社会は救いようのない状態に向かって進んでいくようだが、いまからでも修正すべき点はあきらかである。膨張する欲望をいくらかでも抑制して、地に足をつけた文化を導きたい。また、端末に依存して知識を築くのでなく、自分の感情を自覚し、自分で考えて共通の世界観を見出して感情細やかな交流を呼びもどしたい。

欲望は見かけか

危機の源である欲望は生きる努力につながるものであり、完全には抑制できない。しかしいま人々は、必要以上に欲望を膨張させている。食欲の場合、テレビのグルメ番組では、レポーターが奇妙な料理を口に入れた途端に賞讃し、健康食品の企業は、僅かな種類の必須成分を含むだけの錠剤を、「これさえ飲めば健康になる」と煽動（せんどう）されて宣伝する。人々は本当に美食を求めているわけではなく、煽動されて食糧を浪費しているだけだ。

性欲については古くから学術研究もあるのに、映画や人形などの浅はかな対処法が裏の世界のように扱われている。真面目に心的プロセスを掘りさげれば、もっと効果的な対処法が得られるはずである。また学校の性教育を見ると、体の構造、妊娠や性病などの知識を教えるが、根底にあるべき愛情を知らずに成長する子供も多い。軽い気持で欲情の相手を求め、妊娠し出産し、失敗すれば躊躇なく離婚する。

深い愛情がなければ

「託児所がないと結婚できない」と、家計簿優先で子作りを考える人もいる。まず愛情が神聖な衝動であることを教えてほしい。それには仮想世界の物語が役に立つはずだ。その他の欲望についても、必要以上の膨張は抑制されるだろう。どれだけ抑制できるかよりも、そのように努力する人の心が貴重である。

人口の爆発

欲望から危機が浮上するまでの中間段階では、人口の爆発が最も深刻であり、環境破壊や食糧不足など広い範囲に他の問題も引きおこす。「人間は弱いなりに他の動物達と平和に暮らしていればよかった」という主張はもっともである。この星に溢れるほど人間を増やし、資源を掘りつくして、「他の星に行こう」とまで考える必要があるのか。容器中で細胞を増殖させたときと同じように、人間も情動や性欲の命ずるままに増殖し、資源を不足させ、環境問題を起こして自滅するのか。進化の立場から言えば、同じような人間が大勢生きるのでなく、少数でも多様な人達が精一杯に生きて、意味ある影響を後世に残してほしい。

狭い地球で
どこまで増えるのか

古くから学者達は、人類が無制限に繁殖して環境を悪化させて破滅に向かうことを指摘し、他方では貧しさによって繁殖が抑制されるとする議論もある。しかしそれらの議論はいずれも一面的で単純に過ぎるように思われる。人々がそれぞれに自分で考え、繁殖は大事だが暴走してはいけないと自覚しなければ、適切な人口を維持することができないのではないか。そのように人々の思想を導く仕組がほしい。

政治家やリーダー達は、戦時中は兵力のために「産めよ増やせよ」、食糧不足になると「子供は一人に」、また人口不足の恐れがあると税金の優遇などと、深く考えることなく政治の都合で大衆を導いてきた。そして思想的な場面になると、大衆の反発を恐れて人口問題をタブー視する。「人口は国力だから制限すべきでない」と言う人もいるが、あらゆる活動が機械化されると、戦争も産業も多くの人数を必要としない。いま、介護労働人口が不足だとされているが、それもいずれ解消するだろう。学者は「地球上で適当な人口はどれだけか」などと議論するが、具体的に「どのようにしてそれを実現するか」も考えてほしい。ここでも機械への依存心を適度に抑えることが一つの鍵になる。

機械への依存心

欲望からは自律心欠如（機械への依存心）の経路を経て危機が浮上する。欲望の支援を全面的に機械に頼むことが間違いであり，それを怠って多数の危機が次々と浮上してからでは手遅れである。

だれでも便利な機械はありがたいから，訓話で機械への依存心を断ちきるのは無理である。幸い機械への依存心はまだ遺伝子に組みこまれていないから，生まれてからの教育でどのようにもなるはずだ。子供たちの食嗜好が給食によって変わったと言うが，それと同じように，機械依存の気持を呼びおこさないように教育環境を整備すればよい。

幼いうちから機械に触れるのは悪いことではないが，機械を操作すると機械への依存心と同時に「こうすればこうなる」形の短絡的思考に染まる。また端末の前に長時間座ると，天動説や超現実などの自己流の世界観が作られる。昔から授業内容ノートをゼロックスコピーし，パソコンに記憶させて勉強を終えたと思ったように，人は便利な道具ができる度に自分で考える姿勢を忘れる。昔の子供も哲学者のように思索に耽ったわけではないが，たまに絵本や童話を買ってもらうと夢中になって何度も繰返し読み，その世界や主人公の生き方を学んだ。日常生活の中でも，大人達が激動の世界を苦労して生きる姿が印象に残った。子供への刺激には考える余裕が必要である。

将来の端末はただ情報をやりとりするだけでなく、持主の一生のパートナーとして成長とともに適切な刺激を与えて思考を導くなるべきである。名人が盆栽を剪定するように、才能や思想を整えて自律性ある個性の成長を促してほしい。それを可能にするためには、人間の機械依存心が発達する経過、あるいはその計測制御技術について総合的な知識体系を整備したい。一定環境下での幼児発達学が存在するが、ここでは成長に伴って機械環境が変化する場合の問題になる。さらなる研究が期待される。

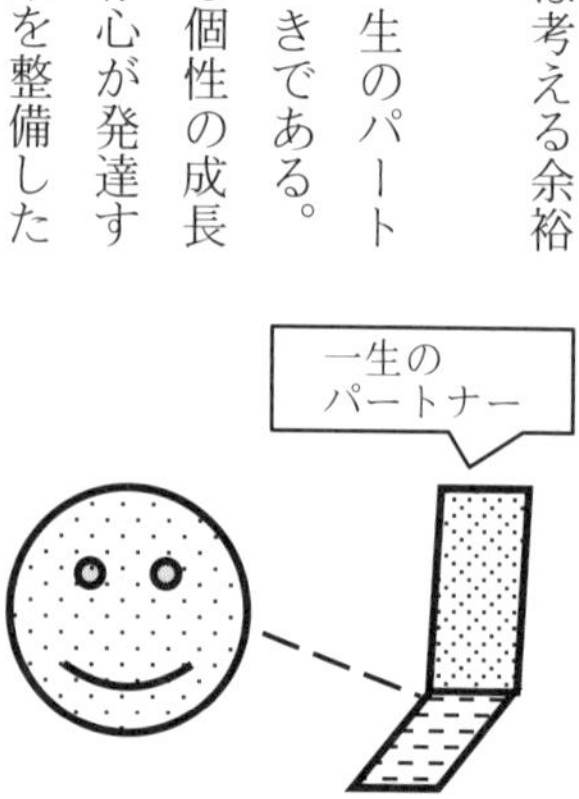

一生の
パートナー

満たされない欲望・欲求

欲望の抑制も通路の閉塞も、ある意味で人間の自然な情動に反する作用であり、効果があればよいことには違いないが、それなりのストレスを残す。普通にストレスと言うときには、本人がその原因を認識すれば消滅あるいは除去できることが多いが、この場合のストレスは原因が明確であるのに取り除くことができない。

「満たされない欲望・欲求」は将来深刻な問題になり，社会を欲求不満の雰囲気に満たすかもしれない。それに対処することは重要な問題になる。煙草や酒が嫌いになる薬は工夫されたが，麻薬を解消する薬は簡単にはできない。この場合の対策がどの程度難しいことになるのかはまだわからない。基本的には自分で考える姿勢，ストレスを超越する自律心を育てることが必要になり，ここでも仮想世界の利用が必要になるだろう。

抑圧すればストレスが残る

破局的事態と自律心

生物の歴史の中には，自制心なく繁栄し環境を悪化させて自滅した生物，生活形態を変えて生きのびた生物などさまざまな経過があったが，それらは成り行き任せだったようだ。人間も気ままに行動していると人口が限りなく増加し，気温上昇や資源不足を止められず，指導者には有効な対策がないという事態に陥いる。人々が静かに滅亡を待つならよいが，そんなはずはなく，なんらかの方法で生きのびようとするだろう。ＳＦでは出産制限や不妊手術などの強制的な仕組が作られる。酒や煙草に不快になる薬と同じように，他の種類の欲望にも同様な薬剤が開発される。それらの対策は個人の意思を無視して実施され、人々から活気を奪う。

確実な滅亡を意識したとき、はじめて「最後までどう生きるか」が重苦しい設問になる。人類の次の覇者が蟻か蜂かわからないが、彼等が進化し知性を獲得したとき、環境を荒廃させて滅びた先代の王者を軽蔑の目で眺めるだろう。「起つ鳥あとを濁さず」というほど体面を重んじる必要はないし、禁欲して聖書を読むほどでなくてもよいが、王者は最後まで誇りと節度を持って慎ましく生きるべきだ。危機を意識したときこそ、生きる姿勢を考えるよい姿勢である。

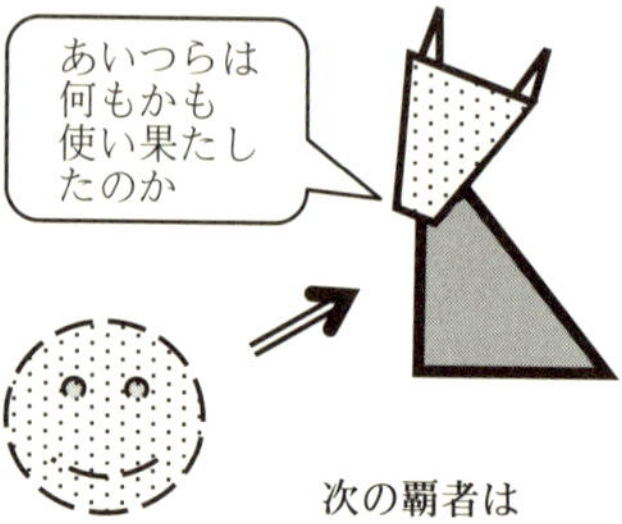

世界には、一つの宗教的信条の下に結束した人々が築いた町がいくつか存在する。そこで人々は普通の生活をしている。欲求や欲望を頭から否定はしないが、快楽のみを求める人は軽蔑される。簡素な町を歩くと、哲学の香りはないが消毒済みのような清潔感がある。そのような雰囲気の中ならば、人は「生きる」意味を考えるのだろうか。考える姿勢が大事なのだ。

あいつらは
何もかも
使い果たし
たのか

次の覇者は

次世代に託そう

現世代の立てなおしが困難なら、次世代に自分を考える姿勢を育てるべきである。いままでの子供は、「ままごと」や「…ごっこ」、さらに、さまざまに大人の世界を経験し、社会の中での自分の位置を知り、自分で考えて生きることを学んだ。しかしいま、子供が型に嵌まって育つと、社会での経験が減り、多くの知識は教わるが自分で考えることはない。

成長の過程では同世代の仲間と遊び競い、感情を交流する必要がある。特に兄弟姉妹は相手として重要である。またどの障害と言わなくても、高齢出産は遺伝子の転写や胎児の発育に問題が生じやすい。親は若いうちに人口爆発に響かない程度に複数の子供を産み、心身とも健康に育ててほしい。

自分で考える姿勢を育てると、最後には「人は何のために生きるか」に行きつく。それは端末の仕事のゴールだが、人間の思索の出発点である。人それぞれに宗教や信念のドグマでよいから、自分の考えを人間流に育ててほしい。

複数の子供を

日本人の心を

いまグローバル化の時代に入った。国境を越えて商業や学術が交流し、移民や国際結婚が増えて国民性や文化が撹拌される。まだ人口、資源、環境など各国それぞれに問題があるが、世界は一様化に向けて進んでいる。このとき我々は子孫に何を残せばよいのか。グローバル化への反動なのか過去への郷愁なのか、マスコミは伝統文化や趣味に熱中する人々を賞讃する。また生物多様性を追求する人は、絶滅種を惜しみ保護に努める。しかし自然の摂理に従って消えていくものをただ惜しむのでは意味がない。

子孫に伝えるべき文化遺産も多いが、日本民族の歴史が醸しだした国民性こそが貴重である。大まかに言えば、それは他人の気持を察して行動し、犠牲を払っても平和を守る「気概ある気配りと平和の心」であり、性悪説を背景にし、約束に基づいて仕事を進める欧米流の契約社会とは対照的に違う。契約社会も大事だが、感情の多様性が人間をここまで育てたことを考えれば、情動を重んじる日本人の心こそが人類最高の財産である。

しかしいま機械流と天動説に育つ子供達には日本人の心が薄れていく。それは日本の国が消滅するのと同じくらい悲しいことだ。強気一本の相手に譲歩の精神では対抗できないが、心ある教育者は、日本人の心こそ宝であることを機械流の教育と一線を画して教えてほしい。それが危機への経路と感情枯渇を解決する一つの道でもある。

13　仮想世界は役に立つのか

仮想世界の出番

機械に頼りきり影響を受けて、人々は多くの問題を抱え、滅亡への道を進み始めた。「自律心を、前向きの姿勢を」と説いても欲望と楽しさに対抗する力はない。問題の多くはもはや現実世界では解決できないから、仮想世界が登場して、現実世界で不足する経験を提供し、自分で考える心と感情を自覚し尊重する姿勢を取りもどさなければならない。しかしいま、仮想世界技術と産業は、人の生きる姿勢とは無関係な娯楽中心の媒体やゲームに集中して、稼ぐことに夢中である。ここで仮想世界は本当に何ができ、何をすべきかを、もう一度振りかえって考える必要がある。

以下では人の心に描かれる非現実世界をすべて仮想世界と呼ぶ。人間は眠れば夢に包まれ、起きれば明日を想像し、絵画や演劇の仮想は人々の感動を誘う。それら仮想世界の多くは物語の形をとる。犬は睡眠中に怒りの表情で唸り声を発することがあるが、人間以外の動物は単純な想像をする程度で、筋道のある仮想物語に感動するのは人間だけのようだ。

人は現実世界に留(とど)まって物語を鑑賞してもよいが、物語の主人公に自分を重ねて行動をともにすれば、作者の主張を生々しく感じる。つまり、物語の世界に「移住」することが重要である。遊びたい気持で一杯の子供は、棒切れを拾って武士になり、釘で地面に鉄道を描く、江戸時代の街が背景にあり木の枝が傍らにあれば、なお自然に武士に

なるが、西欧の騎士から試合を申しこまれるとたちまち現実に戻る。移住を誘うには目線の処理などさまざまな技法があるが、本質的に移住を誘うのは本人の移住意思と記憶している場面である。

映画も仮想世界

現実と仮想

眼鏡を掛けると実際と少し違う光景が見えるが、現実だと言う。友人に朝早く電話すると眠そうな顔が目に浮かぶ。それは見なれた顔だが想像だと言う。そもそも我々は外の世界を目や耳などの

感覚器を通して観察するから，それが本物と同じだという保証はない。すべてが仮想だと言える。

仮想世界を利用すると，「嘘で人を騙すのか」と抗議する人がいる。実際，教育の世界では「子供を騙す」は絶対の禁句である。しかし「嘘も方便」と言う。小説や映画に騙されたとは言わない。また駄目な子供や選手を「よくできた，立派だ」と励ますが，どこまで本気なのか嘘を有効に利用している。現実と仮想の区別は曖昧である。

いまコンピュータの分野では「仮想」をやや異なった意味で用いる。大規模システムにパソコンから接続し，大型の制御卓に座っているつもりで「仮想システム」を運転する。パソコン画面のサッカー試合に参加するとき，画面上の一人の選手が自分だと指定し，パソコンを操作して自分の「仮想選手」を活躍させる。自分の代わりに画面上で行動する仮想人物は，アバター（神話に現れる化身）と呼ばれる。これらの場合本人は，自分も操作対象も現実世界のものだと承知しているが，舞台の演劇を眺めるように，そこに別世界があるのだと納得して操作をしている。

記憶と物語

人間は印象深い場面に会うと，その光景や感情を個々の場面として長期記憶に保存する。仮想世界を構成するときには，そこから場面を引きだし，入力刺激と組み合わせる。脳は断片的な事項をつなぎ合せて物語を作りだし、納得する機能を持つ。

人が物陰に入り、反対側から別の人が出てくると、同じ人が向う側を通りぬけたと思う。人が物陰に入っただけでも、いずれ反対側から現れると思う。また舞台に２本の木が立っているだけだが、俳優と観客は林の中だと理解して物語が進む。そう思えばそう見えるものだ。離散的、象徴的な表現から推察や想像によって情報を補完し延長して世界を理解するのは、人間に本質的なことである。

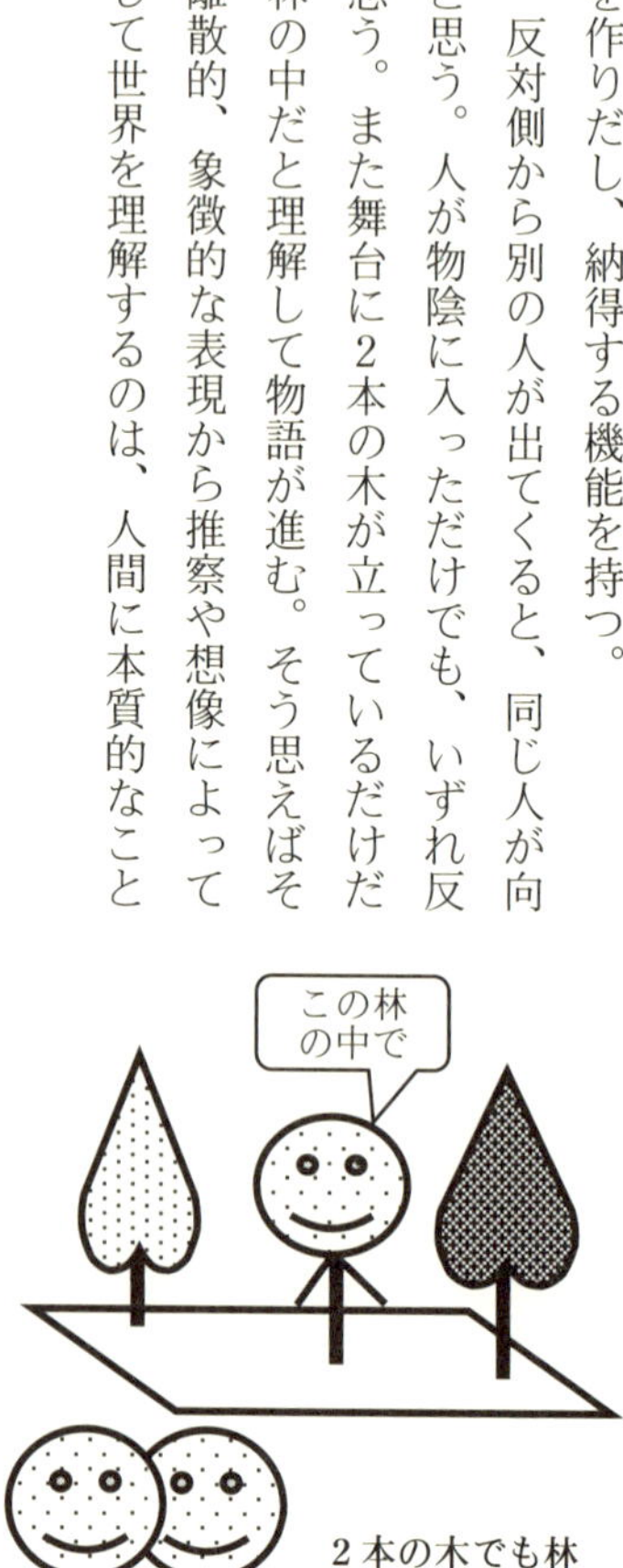

２本の木でも林

固有仮想世界

人は「明日はどうなる」と思い、空を飛ぶ夢を見る。人間が自発的に心に描く想像や夢などの仮想世界を「固有仮想世界」と言う。

夢は代表的な固有仮想世界である。睡眠中の情報処理モードは覚醒中と違う。刺激を受けとると脳に波動が生じるが、美しい音楽を悲鳴だと思い、身体に優しく触れても「うるさい」と振りはらう。誘発された感情によって声を出し冷汗をかく。睡眠中の脳には複雑多岐な思考がなく、夢の情

固有仮想世界は個性の表現

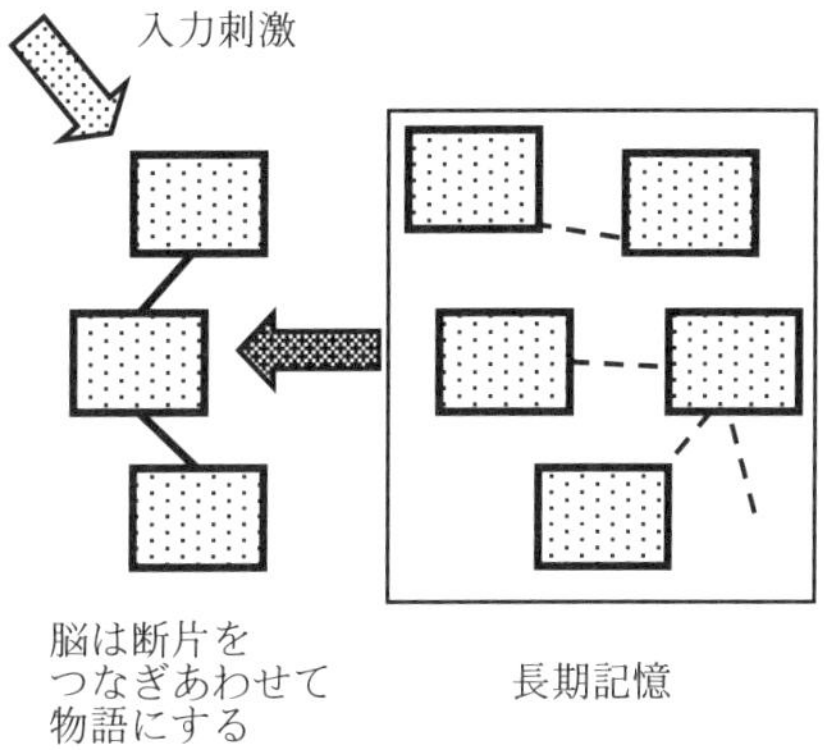

報処理に専念する。夢が始まると波動が立ちあがり、長期記憶から呼びだされた場面や感情がリンクされ、あるいは飛躍して物語が構成される。物語の筋道はごく短時間で結着し、余韻として感情の波動が残る。

妄想はもう一つの固有仮想世界であり、覚醒時に非現実的な仮想世界が心に描かれる。きっかけが与えられると、長期記憶から既知の情景や人物が引きだされ大胆に修飾されて、「秘密結社が脳を占拠した」かのように、本人の知識や意図と関係なくリンクを辿りあるいは飛躍して、奔放に物語を展開する。不安、加害、庇護など、日頃の潜在意識やストレスが象徴化される。「俺の言葉が彼女を傷つけた」という加害意識からは、「彼女が自殺する」、「復讐に来る」と妄想が始まる。

固有仮想世界はあらかじめ設計されたものでないから、本人の思考や記憶の範囲から大きく飛びだすことはない。記憶にない場面や感情はあ

入力刺激

脳は断片を
つなぎあわせて
物語にする

長期記憶

固有仮想世界

まり現れないし、夢で亡き父に会うが昔の祖先には会わない。固有仮想世界は長期記憶ないし個性そのものの表現である。しかし外部からの刺激は物語のきっかけを与え、あるいは途中で影響を与える程度のことはできる。また似た夢を繰りかえすうちに夢の街ができるというように、長期記憶に働きかけることはできる。

人工仮想世界

固有仮想世界では、本人の個性に沿って世界が描かれる。それに対して寓話や演劇の作者は、自分の主張に沿って物語を展開する。それらを「人工仮想世界」と呼ぶ。人工仮想世界の鑑賞者は、現実に足を置いて冷静に仮想世界を眺めてもよいし、仮想世界に移住して作者と感情を共有してもよい。厳密に言えば、作者が描いた世界と鑑賞者が自分の心に描く世界は別のものだが、混乱を避けるためにどちらも人工仮想世界と呼ぶ。

人工仮想世界の作者は自分の世界を創作できる。時間空間の制約や自然界の法則を超えた別世界を訪問して、歴史上の人物に対面し、動植物の眼で世界を眺め、他人になりかわってその気持を理解する。またハイテクの解析力によって運動中の筋力、地中の資源、脳内部の活動など、見えない世界を可視化し、高度の理解と洞察力を提供する。人工仮想世界は、作者の思いを表現する手段であるが，実際にはそれを超えて鑑賞者を新しい思索に導く手段になる。その一方では独りよがりの世界や勝手な快楽を作りだす心配もあるから，何を刺激として与えるかの選択が重要である。ここでは固有仮想世界とは対照的に，いわば入出力関係として，与えた入力刺激が本人に引きおこした反応を分析することが望まれる。

人と仮想世界

原始時代の人々は厳しい環境を生きた。運不運は常に付きまとう。その日の食糧は運しだいだし，季節によって生死が分かれる。人々は日常的に幸運を祈り，行動を励まされた。やがて春にはその年の豊作を，秋には翌年の収穫を神に祈り，闘いの出陣には勝利の儀式を行うなど，想像や夢は人工的に形式化され，人々の生活に融合した。

人々の行動範囲が拡がると，「あの山の向うには何があるのかな」と，別世界への願望が生じた。いまでも仕事で忙しい人は休

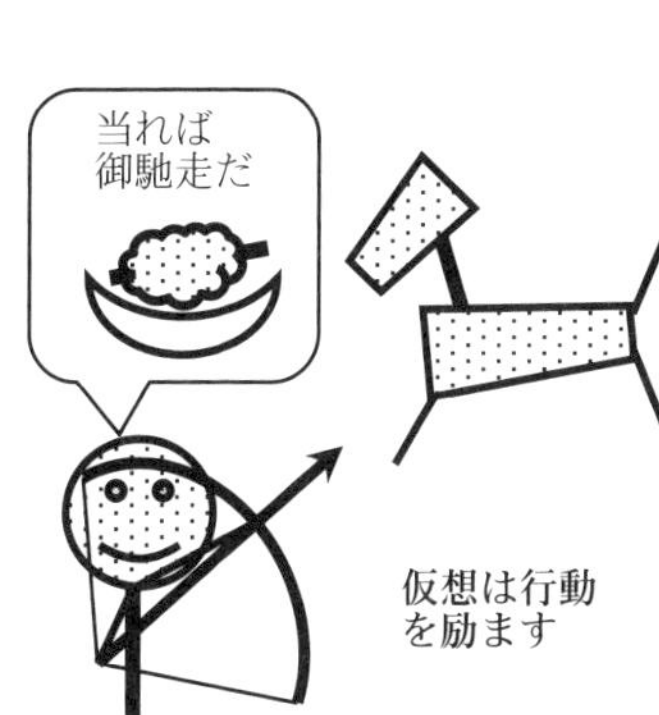

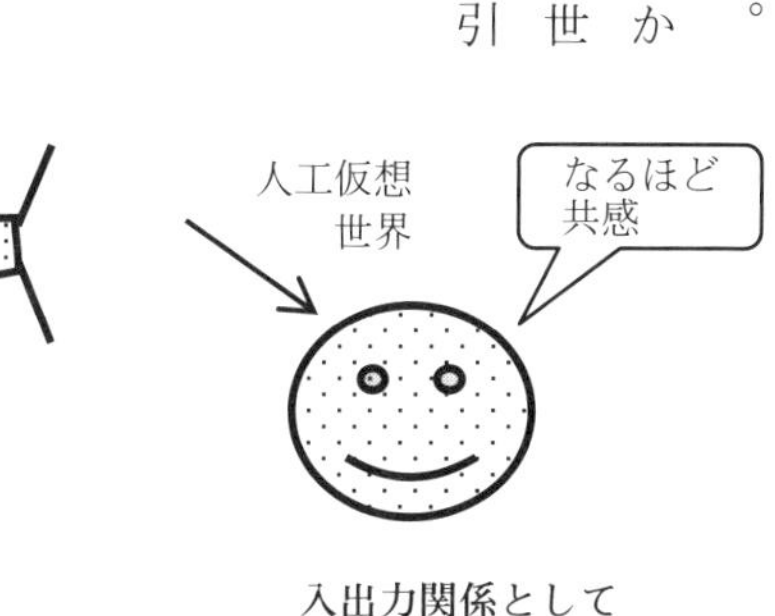

日にはどこかへ行こうと思う。しかし楽しい場所がなければ，居間でテレビを見たほうがよい。人々は固有仮想世界に接続した人工仮想世界に移住して楽しみ考える。注意深く設計された人工仮想世界は，人々に新しい性格を作り，自律性を育てると期待される。

世界間の移動

人が仮想世界を利用するときには，性質の違う二つの世界の間を移動するのだから問題が生じる。仮想世界を訪問するとき人は人格を変え，あるいは猛獣や昆虫に変身してもよい。そうなると移動の途中で持物や世界観をすべて別世界用に切替える必要がある（服の着替えに譬える）。

仮想世界旅行は，基本的に現実世界，仮想世界，境界（ゲート）からなる。野球場の外側の街を現実世界，グラウンドを仮想世界とすれば，ロッカールームがゲートである。選手はユニホームに着替えてグラウンドに入り，野球のルールに従って試合し，終われば着替えて街に出る。

長期記憶に保存される場面には現実と仮想を区別するタグがついていないから，想起されるときにも区別なく場面が引きだされ，組合わされ

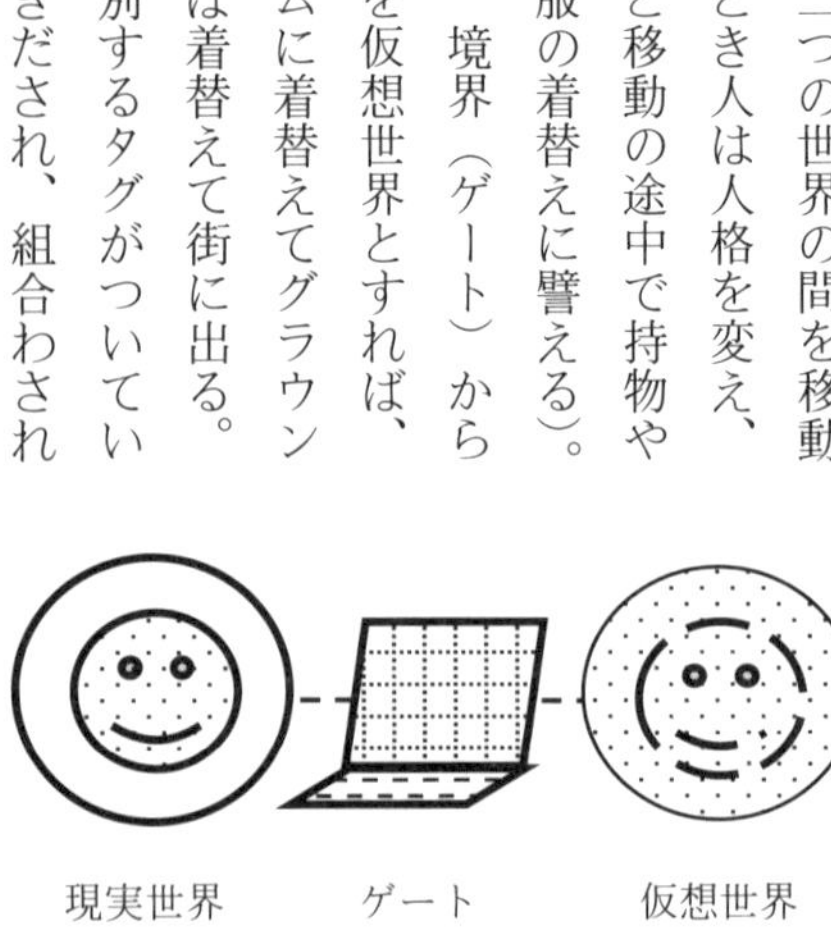

移住の基本モデル

て物語を構成する。これは着替えを不完全にし，混乱を生じることになる。次の例が報告されている。

・アニメの主人公が高所から落ちて「痛い」だけで済んだ。それを信じた子供が友人をビルの屋上から突き落とした。

・撃合いゲームに熱中した少年が父親の本物の銃を持ちだし，友人を次々と射殺した。周りが制止しても聞かなかったが，先生が駆けつけて「ゲームオーバー」と言うと撃つのを止めた。

この種の混乱を避けるために，登場人物に変わった服装や口調を割りつけ，あるいは「ここから別世界」と注意するシステムもあるが，それで問題解決とするのは単純にすぎる。

頻繁な往来と旅行鞄

将来はむしろ現実と仮想の混合の中に活用の道を見出すべきかもしれない。しかし人々がさまざまな仮想世界を日常的に利用し，キー操作で頻繁に移動するようになると，それらの世界を区別できずに混乱するかもしれない。人々が交信するには同じ世界に滞在する必要があり，実際に活動するには現実世界に戻る必要がある。世界を巡回するとき，どの世界にいるのかを知る必要が起きる。案内板を置いてもよいが，仮想世界で人は目の前に集中するから見すごすだろう。少しくらいならまごついても構わないが、本当に迷ったときにはどうすればよいのか。そのような心配をしなくても、次世代はさまざまな世界の微妙な違いを感じとって、混乱せずに行動できるのだろうか。

多くの場合、人は解決すべき問題を携えて仮想世界を訪れ、得た教訓や感動を現実世界に持ち帰る。また、不必要な場面は忘れてしまいたい。旅行に譬えると人は必要な物を鞄に詰め、捨てるべき物を捨てて旅行したい。必要な物を運ぶには記憶すればよいが、捨てる物を記憶から消すのは難しい。心理学の実験では暗算の負荷をかけて短期記憶の内容を消去するが、長期記憶の内容を消去するのはほとんど不可能である。類似のリンクを競合させて影響を打ち消すくらいの工夫しかなさそうだ。ところで人は物忘れをする。特に老人は簡単に忘れてそのままになるし、偉い人に何かをお願いすると手帳にはメモをするが忘れていることが多い。長期記憶に保存されている内容が消えるのでなく、読みだせなくなるらしい。どのようなメカニズムがあればそのようなことができるのか。この種の研究が進んで記憶内容を洗いながすシャワーができれば素晴らしいことである。

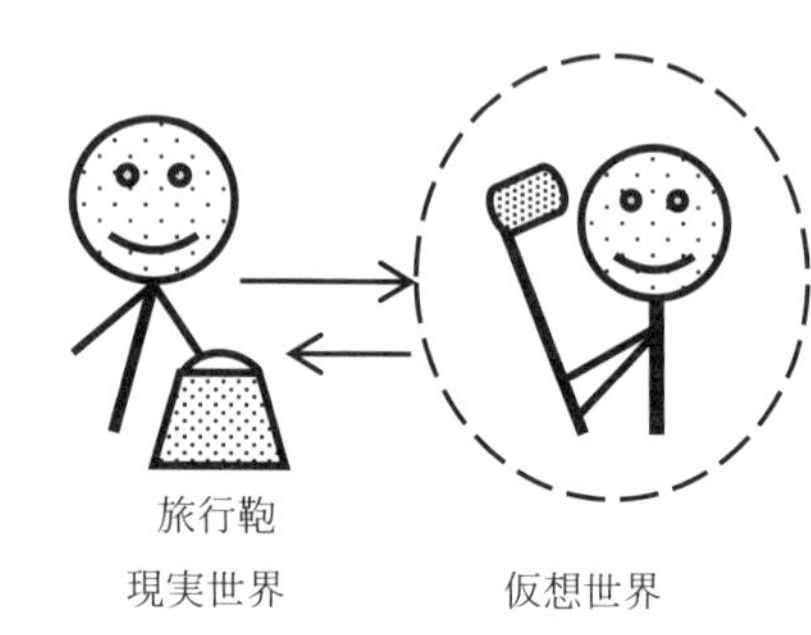

旅行鞄を持ち歩く

どう利用する

これからは，仮想世界の役割などと特に言わなくても，日常生活の便利さのために娯楽，通信，教育，宗教，治療などさまざまな場面で仮想世界が利用される，より積極的には，人は仮想世界に移住することによってストレスを解消し，現実世界で不足している経験を補充し，機械への依存心を断ちきり，さらに感情を実感して細やかな交流を実現することが期待される。

それらの仮想世界は，それぞれの目的に有効に利用されるはずだが，多様な世界間の混同や機械流の思考に染まることによって副作用が生じるはずである。例えば仮想世界によるストレス解消マシンが効果的に動作するようになれば，職場での上司の叱責も恐くない。頭を下げてやりすごし，マシンを使ってストレスを洗いおとせばよい。しかし，それでは問題は少しも解決されず，次の機会になお大きな爆発が生じるだろう。複数の世界にわたって複雑多岐な問題が生じることを考えれば，個々の応用を試みてから副作用に対処

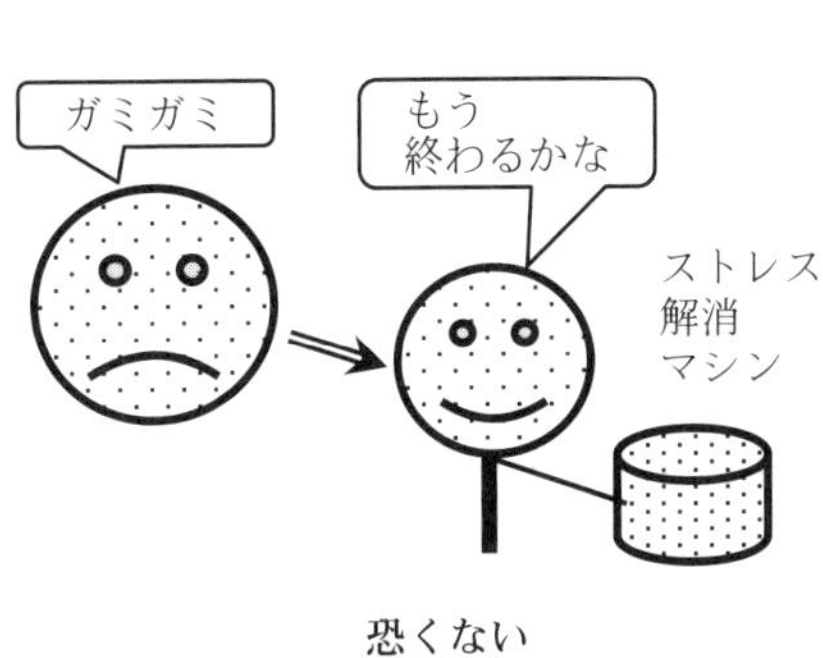

恐くない

するのではなく、総合的な見地から知識体系を確立することが望まれる。

二人きりの城に籠った端末は特に重要である。持主の知的変化や感情の生成を推定し、情報のやりとりを助けるだけでなく、仮想世界によって適切な知識と智恵を提供して持主が前向きに進むのを助けてほしい。

14　技術力の総合へ

ハイテクゲームへ

羽根突きや双六など大衆の素朴な遊びのために遊具産業が生まれた。また併行して王侯貴族のための豪華な遊具が作られ、工作の名人が自動人形時計や自動演奏楽器など精巧な器具を作り、芸術と工作技術を支えた。やがて遊具は機械化し自動化した。パチンコ台は自動的に玉を打ちだし、猿の人形は疲れずに楽器を演奏した。頭と体が閑になった人々は想像の世界を拡大して楽しむ範囲を拡げたが、遊びの本質には変化がなく、賭け事以外には遊びに嵌まりこむ人はあまりいなかった。

しかしハイテク情報技術が登場すると状況が変った。マイコンを少し勉強すればだれでも応用できるようになり、遊具産業だけでなく運動器具や生活用品など遊具周辺の産業も自社製品をハイテク化した。遊園地の巨大マシンは冒険旅行を誘い、パイロットの訓練シミュレータは本物の運転席と光景を作りだす。ここには人間と機械環境を調和させるという基本的問題があり、各分野の経験を持ちよって掘りさげることができたはずだが、技術と市場があまりにも急速に拡大したために、互いに連絡する暇もなく勝手に発展した。

コンピュータが進歩し、操作器を家庭のテレビ受像機に接続すると人々の反応が変わった。第一の変化は物語の進行を自分の意志で制御できる（自主性と呼ぶ）ことで、受け身で鑑賞するだけの映画やドラマと大きく違ったことである。人間には飛び飛びの場面をつないで物語を構成する能力があるから、要所に選択肢を置くだけで自分の物語が構成される。「ドラゴンクエスト」や「たまごっち」は、物語性と自主性を結合して人々を惹きつけた。第二の変化は高度の臨場感（現実感）が生まれたことである。テレビの精細な画面、あるいは提示の象徴性は本人を容易に仮想世界に引きいれる。自主性、物語性、特に臨場感を強調する仮想世界ゲームを、ハイテクゲームと呼ぶ。コンピュータとディスプレイの結合によるハイテクゲームの基本形は、いまも人々を惹きつけている。

ハイテクとの融合

ゲーム産業の独走

昔の双六は宿場町を訪れるだけで、山賊を恐れつつ山道を旅し宿で寛（くつろ）ぐ実感はなかった。本当に仮想世界へ移住するゲームはお化け屋敷くらいだった。それに対してハイテクゲームは人々を強く仮想世界に引きいれ、ゲームというより仮想世界そのものを楽しむ手段になった。ゲームオタク族、あるいはオタク族予備軍というべき人々が増えた。仮想世界は人々に生きる智恵を教え、感情を理解する適切な場面を呈示できるはずなのに、産業は安直に限られた人達に楽しさを提供するだけに専念し、限られたオタク族を相手に売りまくった。それでも市場は大きく、一つの産業分野として発展が期待されている。その姿勢は修正してほしい。

ゲームに嵌まった人は他の行動に興味を失う。現実世界に興味がなくなり遊ぶことしか考えない子供には、生活姿勢に問題が生じる。また大人もパソコンの前で頭を空にして長時間一定の姿勢を続けると、思考の空洞化、運動不足、筋や眼の疲労など心身に問題が生じる。中でも人の心の歪みが最も深刻である。ハイテクゲームは非日常的状況を強調して人々の関心を惹き、脳は長時間不自然な状態で働き続けてゲーム向きに変わり、人をさまざまに歪ませる。

仮想世界は、興味本位のゲームとして産業とオタク族の専有物になってはならない。人々の生きる姿勢を導くための手段としての技法が多く存在するはずである。古くからゲーム以外に玩具、演劇、音楽、小説など数多くの人工仮想世界が人々を導いてきた。ハイテクが登場すると、心と体の訓練などにも仮想世界の応用が拡がった。また堅苦しい内容にも人々を惹きつけるための技法が、ＣＭをはじめさまざまな分野に集積されている。それらは人々を前向きにも後向きにもする。いまここで関連するさまざまな技術を「人工仮想技術」として総合してノウハウを共有し、さらに共通の基本問題を協力して研究すれば、大きな前進になることは確かである。

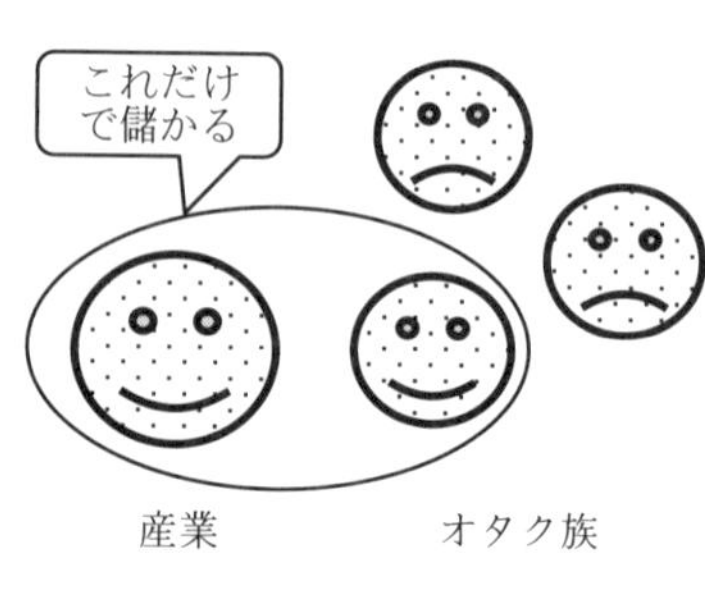

もっと広い範囲に

当面の問題

いわゆる「仮想現実感」も人工仮想世界の研究である。そこでは三次元大画面、立体音場、匂い、体性感覚などあらゆる感覚情報を活用して「本物そっくり」の像再生を目指す。その知識は大いに参考になる。しかしここでの仮想世界の目的は、移住を誘い教訓を与えることであり、必ずしも事物の忠実な再現ではない。

価格やスペースなどの現実的な立場から言えば，どの仮想世界の専用というよりもテレビ，ケータイ，ＡＶなどが設備を共有し，現実感よりも臨場感を重視した設備を用意すべきである。人間の感覚情報処理の特性を利用して情報量を減らせば，数面のスクリーン，二次元音響システム，少数の体性感覚程度で一応満足すべき臨場感が得られると言う。

そのような装置を普及させることによって，人工仮想世界を大勢の人達が利用できるようになる。そうなれば，さまざまな基本的問題，例えば錯覚の利用，成功感と積極性の相互作用，提示課題の適切性の判定などを，実際的応用の立場から大勢の目で掘りさげて評価し，適切な応用の道を見定めることができるだろう。

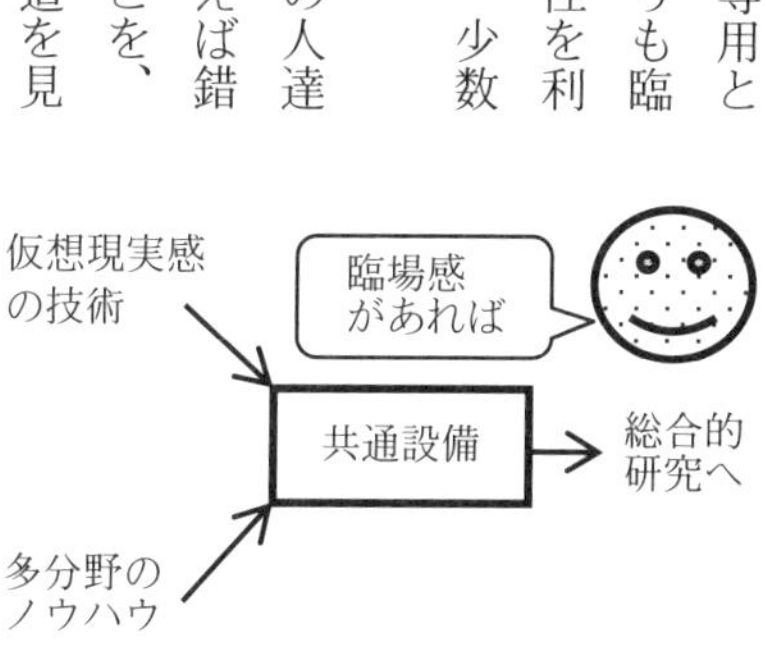

支流としての立場

人間と端末の関係について当面開発すべき技術が多いが，ネットワークと端末が社会の本流であり，仮想世界技術は支流であることを忘れてはならない。支流の技術開発は，本流の発展にペースを合わせ，ツールやシステムを共通にして発展すべきである。本流で開発されるツールの多くは，仮想世界でも利用することができる。これまでにもそれを待たずに独自の技術を開発し、後に本流との整合性がとれずに無駄になった例が多い。

理想的には、端末は病院の診療のような形で持主に働きかけてほしい。つまり端末は持主の心的状態をときおり診断し、仮想世界が必要となれば移住を誘って適切に作用を与え、それが終われば現実世界に帰還させる。それによって持主は元気を出し、微妙な感情を理解できるようになり、現実世界での活動やロボットとの協力に前向きの姿勢になるだろう。

この種の体勢を実現するためには、ツールの研究よりも人間の心的状態の計測制御技術をさらに進歩させることが重要である。それは「これができる」という技術でなく、「このとき心は」という掘りさげた研究でなければならない。第一段階としては、固有仮想世界に接近して人間の思考形式や個性を理解することから始めるべきである。正面からこれに取りくむことは困難だが、適切な例題について検討をすることが可能であり、突破口を拓く可能性があると思われる。

人間と機械の接触

仮想世界での心的状態を推定し作用するには、人間と機械の間で情報をやりとりしなければならない。物理的接触ができればその足場になる。古くから眼鏡や補聴器だけでなく、筋電図、脳波、視線など機械が人体に接触する技術がある。また、脳や網膜に通電する視覚補助、赤外線による脳活動推定、脳の電磁気的刺激など、心身に働きかける研究がいまも続いている。脳とコンピュータを直接に接続する夢物語もある。近い将来には、超小型のカメラやセンサを人体に接触させ、日常活動のままの心的状態を推定するだろう。

人間と機械の接続は常にＳＦの題材になり、マスコミは実用間近だと言うが、それは早計で、生体の複雑さに比べると我々の技術は未熟である。例えば体表筋電図によって義手を動作させる方法が既に実用されているが、一つの筋が収縮力を出すとき、多様な種類の筋繊維がそれぞれの時間的経過で張力を出す。緊張状態を中枢に報告する繊維もある。中枢は対象物の動きに応じて興奮する繊維の数を変える。これらの多様な筋繊維活動が発生する電位をまとめたものが表面筋電図だから、筋が収縮力を出すという以上に詳細な状況はわからない。多数の電極から得られた電位を解析して個々の筋張力を推定する方法が工夫されているが、深部筋の張力を表面から推定することは難しい。また実用にあたっては、電極やセンサの安定な留置、生体組織との相互作用、本人の心的状態の推定など、多くの実際的問題が未解決のままである。地道な研究抜きで知識不足のまま進めば、いずれ行きづまるだろう。夢物語も結構だが足元を固めてほしい。

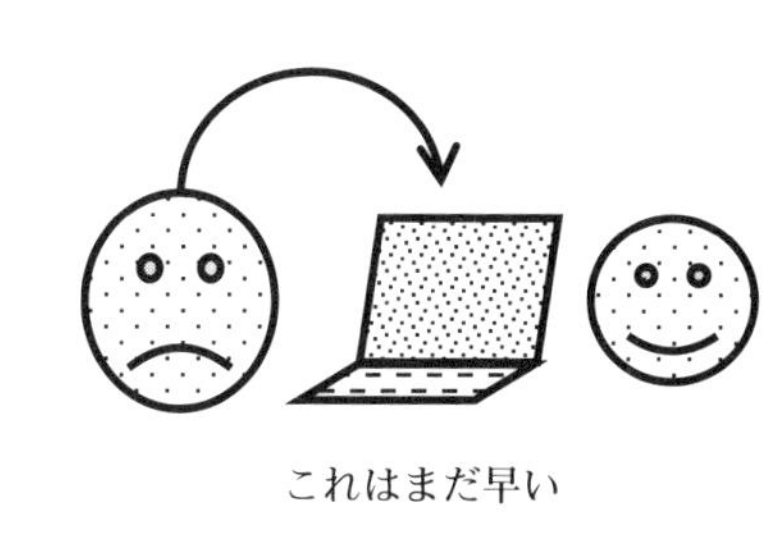

これはまだ早い

二つの世界の接続

人間と機械の関係には難しい問題が多い。それならば人間は自然に活動したままで、脳と外部との間の通信はできないだろうか（これを異世界通信と言う）。空想中に自分の名前を聞くと呼ばれたとわかる。しかし夢の中で他人の声を聞いても無意味な音だと思うだけだ。仮想世界では現実世界からの信号を受けても正しい解釈はできない。

催眠術にかかった人やある種の精神疾患患者は、特別な言葉や光景をキーとして一定の行動をする。現実でも仮想でも印象深かい場面があればキーが作りこまれる。異世界通信の研究は、特別な意味を持つ言語や符号の解読から始まる。暗号解読については数理的方法を含めて断片的な知見があるが、そこに示唆を求めて異世界通信への道を拓けないだろうか。

また、人工仮想世界を固有仮想世界に接続する試みも考えられる。昔、紙芝居のおじさんが街に来ると子供達は集

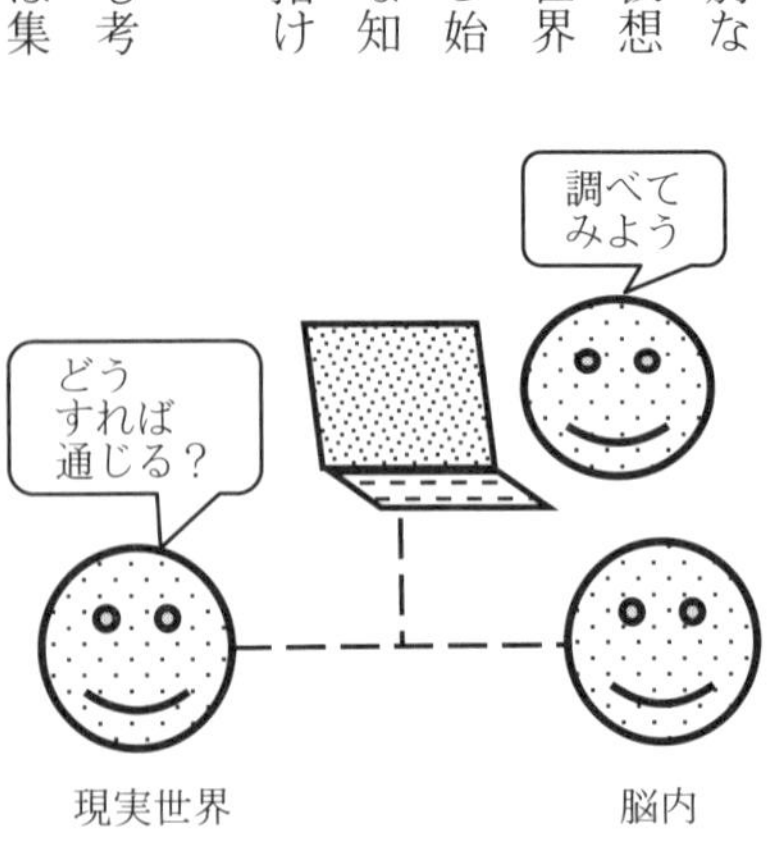

暗号のチャンネル

まって絵を眺める。おじさんが子供達の雰囲気を見ながら語り続けると、子供達はしだいに物語に引きこまれ、クライマックスでは一斉にどよめきが起きる。優れた文芸作品への共鳴にも似た面が多い。現実世界に譬えれば、サーカスの円形舞台上で騎手が馬を操り疾走する。そこへ裸馬が近寄り並走すると、騎手はタイミングを図って裸馬に飛び移る。

同じように、固有仮想世界に滞在中の人の心的状態を推定し、別の人工仮想世界を調整して並走させ、片方の世界を他方の世界に投影できないだろうか。固有仮想世界での本人の心的状態を人工仮想世界に移して内容を推定し、あるいは修飾して元に戻すことができるかもしれない。しかしこの種の技術にはまだ手がつけられていない。これらの手掛かりから一気にすべての問題を解決できるかどうかはわからないが、一歩ずつの前進が貴重である。

おわりに

人間と機械は複雑に関係しあう。本書では、さまざまな面を論じたので漠然とした理解に終わったかもしれない。本質は、人間が本来備えるはずの多様性と、便利な機械から押しよせる一様化の波の闘いである。その中で次世代はどう生きるのか。識者達は人のあるべき姿や心構えを語るだけで、いかにして道を拓くかを説かない。世の中は惰性のままに流れていくだろう。人々は、友人Bの皮相的交流と機械流の浅はかな一様化に埋もれる。また端末を相手に自己中心の価値観や社会性を築き、社会として進化することを知らない。いま、人々の国家や環境の議論にまさに世の末を見る。

人間は情動の多様性を足場に生物の先頭に立って進化してきたが、欲望を機械に頼り、生きる姿勢を忘れた。感情の多様性と機械への依存心の葛藤が人類の存亡を決める。簡単なモデルによれば、人々の新しい機械への単純な「素晴らしい」思いが機械産業を勢いづける。このポジティブ・フィードバックが機械の同化よりも緩やかであればよいが、スマホのように人々も産業も爆発しては暴走するだけだ。基本的な分析から出発して、人間と機械の新しい道を拓く努力を期待する。

ハイテクと仮想の世界を生きぬくために

2015年3月27日 初版第1刷発行

検印省略	著　者	齋藤正男（さいとうまさお）
	発行者	株式会社　コロナ社
		代表者　牛来真也
	印刷所	萩原印刷株式会社

112-0011 東京都文京区千石4-46-10

発行所 株式会社 **コロナ社**

CORONA PUBLISHING CO., LTD.

Tokyo Japan

振替 00140-8-14844・電話（03）3941-3131（代）

ホームページ http://www.coronasha.co.jp

ISBN 978-4-339-07710-0 （中原） （製本：愛千製本所）

Printed in Japan

新コロナシリーズ
発刊のことば

西欧の歴史の中では、科学の伝統と技術のそれとははっきり分かれていました。それが現在では科学技術とよんで少しの不自然さもなく受け入れられています。つまり科学と技術が互いにうまく連携しあって今日の社会・経済的繁栄を築いているといえましょう。テレビや新聞でも科学や新しい技術の紹介をとり上げる機会が増え、人々の関心も大いに高まっています。

反面、私たちの豊かな生活を目的とした技術の進歩が、そのあまりの速さと激しさゆえに、時としていささかの社会的ひずみを生んでいることも事実です。

これらの問題を解決し、真に豊かな生活を送るための素地は、複合技術の時代に対応した国民全般の幅広い自然科学的知識のレベル向上にあります。

以上の点をふまえ、本シリーズは、自然科学に興味をもたれる高校生なども含めた一般の人々を対象に自然科学および科学技術の分野で関心の高い問題をとりあげ、それをわかりやすく解説する目的で企画致しました。また、本シリーズは、これによって興味を起こさせると同時に、専門分野へのアプローチにもなるものです。

●投稿のお願い

「発刊のことば」の趣旨をご理解いただいた上で、皆様からの投稿を歓迎します。

パソコンが家庭にまで入り込む時代を考えれば、研究者や技術者、学生はむろんのこと、産業界の人も家庭の主婦も科学・技術に無関心ではいられません。

このシリーズ発刊の意義もそこにあり、したがって、テーマは広く自然科学に関するものとし、高校生レベルで十分理解できる内容とします。また、映像化時代に合わせて、イラストや写真を豊富に挿入し、できるだけ広い視野からテーマを掘り起こし、科学はむずかしい、という観念を読者から取り除き興味を引き出せればと思います。

●体　裁

判型・頁数：B六判　一五〇頁程度

字詰：縦書き　一頁　四四字×十六行

なお、詳細について、また投稿を希望される場合は前もって左記にご連絡下さるようお願い致します。

●お問い合せ

コロナ社　「新コロナシリーズ」担当

電話（〇三）三九四一－三一三一